河南土壤侵蚀因子特征

杨硕果　李泮营　张绪兰　韦玲利　著

U0253128

黄河水利出版社

·郑州·

内 容 提 要

土壤侵蚀产生的水土流失是造成生态环境脆弱的重要影响因素,利用站点观测系列数据对土壤侵蚀降雨侵蚀力因子 R、地形因子 LS、土壤可蚀性因子 K、植被覆盖因子 C、水土保持措施因子 P 进行计算,分析河南土壤侵蚀因子特征,为水土流失动态监测提供技术支撑,对有效防治水土流失、保护和改善生态环境具有重要意义。

本书数据翔实,技术可靠,可供水土保持、生态环境等专业规划、监测相关工程技术人员和高校师生参考使用。

图书在版编目(CIP)数据

河南土壤侵蚀因子特征/杨硕果等著. —郑州:黄河水利出版社,2022.9

ISBN 978-7-5509-3402-3

Ⅰ.①河… Ⅱ.①杨… Ⅲ.①土壤侵蚀-因子-特征-河南 Ⅳ.①S157

中国版本图书馆 CIP 数据核字(2022)第 174031 号

策划编辑:岳晓娟 电话:0371-66020903 QQ:2250150882

出 版 社:黄河水利出版社 网址:www.yrcp.com
地址:河南省郑州市顺河路黄委会综合楼 14 层 邮政编码:450003
发行单位:黄河水利出版社
发行部电话:0371-66026940、66020550、66028024、66022620(传真)
E-mail:hhslcbs@126.com
承印单位:河南新华印刷集团有限公司
开本:787 mm×1 092 mm 1/16
印张:10.5
字数:200 千字 印数:1—1 000
版次:2022 年 9 月第 1 版 印次:2022 年 9 月第 1 次印刷
定价:69.00 元

序

  土壤侵蚀关系到生态系统和人类社会的生存与可持续发展,受区域降雨特点、地形地貌、土壤、植被、经济社会活动等多重因素影响,是多因子在多重尺度上相互作用的结果,不同地区影响因子的作用力有所不同。

  河南自 20 世纪 80 年代开始进行水土流失监测与土壤侵蚀观测,根据国家发展和改革委员会批复,2010 年河南省水土保持科学研究所被列入全国水土保持监测网络和信息系统建设二期工程的监测点之一;水土保持工作基础较好。在信阳万河流域、南阳新寺沟流域、平顶山迎河流域、洛阳胡沟流域、三门峡金水河流域、济源虎岭河流域分别建立了小流域控制站、坡面径流场以及综合气象站,用于监测降雨、水位、径流泥沙、土壤流失量、植被盖度、水土保持措施、作物产量等。利用监(观)测站点系列实测资料是开展土壤侵蚀及其影响因子研究的重要途径。

  由华北水利水电大学、中国水土保持、河南省水土保持监测总站、河南大河招标等单位科研技术人员联合,依托河南省水利科技攻关计划项目(GG201908、GG2022088、GG2022099),针对河南土壤侵蚀因子时空变化特征开展研究,本书研究成果具有重要意义。

  课题组其他成员参与完成了本书相关内容的研究工作,在此表示感谢。

  本书虽经长时间的准备和多次研讨、审查与修改,但书中仍难免存在疏漏与不足之处,恳请广大读者提出宝贵意见,以便完善。

华北水利水电大学　杨硕果

2022 年 7 月

前　言

　　土壤侵蚀产生的水土流失是造成生态环境脆弱的重要因素,分析土壤侵蚀因子特征及其变化,对有效防治水土流失、保护和改善生态环境具有重要意义。运用土壤侵蚀原理、水土保持学、地理学等学科理论知识以及试验观测、统计分析、侵蚀模型等方法,利用河南罗山万河站(淮河流域)、南召新寺沟站(长江流域)、鲁山迎河站(淮河流域)、嵩县胡沟站(黄河流域)、陕州金水河站(黄河流域)、济源虎岭站(黄河流域)6个水土流失监测与土壤侵蚀观测站点1982~2020年原始观测数据,通过对土壤侵蚀降雨侵蚀力因子 R、地形因子 LS(包括坡长因子 L、坡度因子 S)、土壤可蚀性因子 K、植被覆盖因子 C、水土保持措施因子 P 定量计算,分析河南土壤侵蚀因子 R、LS、K、C、P 时空变化特征,为攫取站点观测原始数据利用价值、省域水土流失动态监测和水土保持综合治理与生态环境保护提供科学依据和技术支撑,主要研究结论如下:

　　(1)应用汛期降雨量和30 min最大雨强的简易算法计算河南降雨侵蚀力因子 R,河南 R 值在186.21~403.71 MJ·mm/(hm²·h·a),平均值281.38 MJ·mm/(hm²·h·a);南召站、罗山站为 R 高值区,南召站 R 值最大为403.71 MJ·mm/(hm²·h·a),济源站、鲁山站为 R 中值区,嵩县站、陕州站为 R 低值区,陕州站 R 值最小为186.21 MJ·mm/(hm²·h·a)。从时间变化过程来看,1987~1990年 R 值波动较小,2015年之后 R 值波动显著。采用 C_v(离差系数)和 r(趋势系数)分析 R 值时间变化特征,结果表明1982~1990年、2012~2020年罗山站、济源站、鲁山站 R 值年际变化较大,南召站、陕州站、嵩县站 R 值年际变化相对稳定,河南年降雨侵蚀力有增长趋势。

　　(2)用标准小区上单位降雨侵蚀力所产生的土壤流失量表征土壤可蚀性因子 K 值,河南土壤可蚀性因子 K 值范围在0.001 6~0.189 1(t·hm²·h)/(hm²·MJ·mm);土壤可蚀性因子 K 值和土壤侵蚀模数自西北向东南减小。土壤可蚀性因子 K 值:立黄土>黄褐土>黄棕壤>沙壤土>褐土,其 K 值分别为

0.056 3(t·hm²·h)/(hm²·MJ·mm)、0.034 5(t·hm²·h)/(hm²·MJ·mm)、0.024 7(t·hm²·h)/(hm²·MJ·mm)、0.015 3(t·hm²·h)/(hm²·MJ·mm)、0.012 2(t·hm²·h)/(hm²·MJ·mm)。2012~2020 年河南土壤可蚀性因子变化整体呈减小趋势,说明对水土流失的治理产生成效。鲁山站 K 均值为 0.012 2(t·hm²·h)/(hm²·MJ·mm);陕州站 K 均值为 0.056 3(t·hm²·h)/(hm²·MJ·mm);嵩县站 K 均值为 0.034 5(t·hm²·h)/(hm²·MJ·mm);南召站 K 均值为 0.010 7(t·hm²·h)/(hm²·MJ·mm);罗山站 K 均值为 0.027 5(t·hm²·h)/(hm²·MJ·mm);说明河南 K 值在黄河流域较大。

(3)基于中国土壤流失方程 CSLE 计算原理,采用陡坡公式计算河南地形因子 LS 值,鲁山站、陕州站、嵩县站、南召、罗山站 LS 值分别在 2.299~4.586、2.299~7.893、2.299~7.893、25.866~44.218、2.299~4.480,坡度越陡、坡长越长,LS 值越大。坡度、坡向在地形因子中对土壤侵蚀具有一定作用,坡度小于 15°的区域最大土壤侵蚀模数为 2 280.652 t/(km²·a),坡度在 15°~20°的区域最大土壤侵蚀模数为 4 632.351 t/(km²·a),坡度大于 20°的区域最大土壤侵蚀模数为 17 664.232 t/(km²·a);坡向为 180°~270°的南坡和西坡的侵蚀量和土壤侵蚀模数最大,坡向为 123°和 338°的东南坡和西北坡的侵蚀量和土壤侵蚀模数最小。

(4)根据植被覆盖因子 C 值与植被覆盖度相关分析的算法,采用实测数据对 C 因子进行分析,计算鲁山站、陕州站、嵩县站、南召站、罗山站 C 值分别为 0.446 0、0.445 8、0.446 0、0.444 5、0.446 2,C 值自东南向西北呈减小趋势,说明河南省东南部地区植被抵御土壤侵蚀能力较强、西北部地区较弱;河南植被情况较为稳定,植被覆盖因子 C 值年际变化较小;不同植被类型植被覆盖因子 C 值具有一定差异,马鞭草科(荆条)和豆科植物(花生)种植条件下植被覆盖因子 C 值最小,水土保持效益最好。

(5)基于修正通用土壤流失方程 RUSLE 计算原理,鲁山、陕州、嵩县、南召、罗山水土保持措施因子 P 值分别为 0.327 9、0.371 9、0.421 9、0.483 7、0.535 6,P 值自东南向西北逐渐减小;2012~2020 年河南 P 因子值整体呈增大趋势,嵩县 P 值出现逐渐减小特点,说明水土保持措施起到了良好防护;不

同水土保持措施类型土壤侵蚀差异较大,裸地侵蚀强度最大,实施植物措施的
侵蚀强度最小、水土流失治理效益最好。

作　者

2022 年 7 月

目　录

第一章 绪 论

　　土壤侵蚀关系到生态系统和人类社会的生存与可持续发展,受区域降雨特点、地形地貌、土壤植被、经济社会活动等多重因素影响,是多因子在多重尺度上相互作用的产物,不同地区影响因子的作用力有所不同。针对河南土壤侵蚀因子及时空变化特征研究、河南水土流失监测与土壤侵蚀试验观测站点实测资料的应用较少,站点实测数据科学价值与应用价值未得到充分发挥,未能在河南地区水土流失动态监测、水土保持信息化、水土流失防治和生态保护等工作中提供土壤侵蚀因子基础支撑。本书利用河南水土流失观测站点实测系列资料,通过土壤侵蚀因子定量化模型筛选、数据分析及衍生计算,应用数理统计方法系统分析河南土壤侵蚀因子时空变化特征,研究结果在河南区域土壤侵蚀和水土流失理论研究及水土保持工程实践工作中具有重要地位和应用价值。

　　在预研究基础上,通过水土流失监测和土壤侵蚀试验观测站点现场调研和成果文献查阅分析,依托河南省罗山万河站、南召新寺沟站、鲁山迎河站、嵩县胡沟站、陕州金水河站、济源虎岭站共6个站点水土流失监测与土壤侵蚀观测系列资料数据,以河南土壤侵蚀因子时空变化特征分析为题开展研究,研究背景和意义如下:

　　第一,土壤侵蚀因子定量计算是水土流失与水土保持研究的核心基础和关键支撑。

　　第二,水土流失监测和土壤侵蚀试验观测是土壤侵蚀因子定量计算的重要途径,已取得了丰富的研究成果;国内外利用站点实测资料建立了众多土壤侵蚀模型及侵蚀因子模型,如通用土壤流失方程(USLE)、中国土壤流失方程(CSLE)、修正通用土壤流失方程(RUSLE)等,并得到了很好的应用。

　　第三,计算机技术、3S技术[全球定位系统(GPS)、遥感(RS)和地理信息系统(GIS)的合称]、大数据分析技术已在水土流失研究与水土保持实践中得到广泛应用,地表全覆盖的地表水土流失动态监测、水土保持信息化、水土流失治理与信息管理等已成为水土保持工作的重要内容,而定量研究土壤侵蚀因子是其基础核心与关键支撑。

　　第四,影响土壤侵蚀的主要因素包括降雨、地形、土壤、植被、水土保持措施,降雨侵蚀力因子 R、地形因子 LS(包括坡长因子 L、坡度因子 S)、土壤可蚀性因子 K、植被覆盖因子 C、水土保持措施因子 P 是进行土壤侵蚀定量化的主要因子。

第五,河南省从 20 世纪 80 年代开始建站进行水土流失监测与土壤侵蚀试验观测,已获得了系列实测数据资料,查阅相关成果文献可知,这些实测资料并未能很好地在水土流失研究与水土保持实践中得到应用,站点实测资料的科学价值未能充分发挥。

第六,目前全国及河南省正在开展基于地表全覆盖的水土流失动态监测、水土保持信息化、水土流失治理与信息管理等工作。水土流失动态监测是基于现势高分辨率遥感影像和 GIS 技术,利用中国土壤流失方程 CSLE 和水利部《区域水土流失动态监测技术规定(试行)》(2018 年),解译遥感影像计算不同图斑土壤侵蚀量,分析区域土壤侵蚀程度变化及分布范围;水土保持信息化是将涉及水土保持治理、管理等内容进行信息化管理;水土流失治理及信息管理重点是针对生产建设项目水土保持方案编制及审批、水土保持监理、水土保持监测、水土保持设施验收、水土保持监督检查等开展治理与信息管理。因此,利用河南 6 个水土流失监测与土壤侵蚀试验观测站点实测资料进行土壤侵蚀因子定量计算、河南土壤侵蚀因子时空变化特征分析具有重要的研究意义和应用价值。

第二章　国内外研究概况

通过国内外关于土壤侵蚀方法、土壤侵蚀模型、土壤侵蚀因子等研究成果及文献查阅分析,发现基于监测站点实测资料的研究成果比较丰富,但利用河南罗山万河站、南召新寺沟站、鲁山迎河站、嵩县胡沟站、陕州金水河站、济源虎岭站6个站点实测系列数据资料开展土壤侵蚀与水土流失规律的研究则较少,国内外研究查阅情况如下。

第一节　土壤侵蚀方法研究

一、径流小区法

最早出现的土壤侵蚀定量研究方法是径流小区法,通过径流小区进行实验模拟在国内外应用颇为广泛,直到目前国内各主要水土流失类型区均以径流小区观测作为研究水土流失规律的重要手段。径流小区法已成为最为可靠的土壤侵蚀研究方法之一,为定量评价土壤侵蚀情况、建立土壤侵蚀模型提供了重要的依据。

径流小区的建立在水土流失动态监测、综合治理、规律研究及预测预警等领域做出了重要贡献。随着科技水平的进步和适用范围的拓展,径流小区在监测设备、防治技术和手段等方面有了重要突破,实现了水土保持研究、工程项目实践和宏观政策制定的与时俱进;径流小区试验法成为在微观尺度上还原和探究水土流失发生发展规律的有效方法[1]。径流小区对深入探究水土流失发生发展规律,推动土壤侵蚀动态监测和水土保持综合治理水平的进步具有重要意义,在水土流失定量监测和评价的过程中发挥了无可替代的作用。

二、野外调查法

对于在较短时间、较大范围内评价特定区域内土壤侵蚀状况的研究需求,径流小区观测往往需要长时间的序列资料和记录,并不能完全满足实际需要,此时进行野外调查实践便尤为重要。自20世纪40年代,国内开始在黄土高原、北方土石山、南方紫色山地丘陵等地区开展野外调查,于2005年开展了全国首次水土流失与生态安全科学考察,基于调查成果得到系列图片、文件和报告资料,至今仍有广泛应用。

三、模型试验及计算机技术相结合的方法

国内在土壤侵蚀模型研究方面取得了大量成果。姚贵奇等[2]以豫西黄土区矿山人为坡沟为研究对象,利用概化的黄土区矿山人为坡沟模型进行人工模拟降雨试验,对豫西黄土区矿山人为坡沟水土流失特征进行研究。张岩等[3]结合水土保持观测站的实测资料,通过典型矿区现场量测、高分辨率遥感影像解译、GIS 分析计算等,对豫西沿黄典型矿区土壤侵蚀因子与土壤流失特点进行了分析。国内水土流失比较严重,黄河流域更为突出[4]。刘天可等[5]以黄河流域河南段为研究区域,利用降雨、土壤、遥感影像资料及 DEM 高程数据,将修正土壤流失方程 RUSLE 与 GIS、RS 的原理方法结合,运用到黄河流域河南段的土壤侵蚀研究中。魏贤亮等[6]利用 RUSLE 模型对土壤侵蚀因子数据进行采集分析,估算了剑湖流域的土壤侵蚀模数,完成了流域土壤侵蚀定量评价。卜兆宏等利用 USLE 模型结合 GIS 和 RS 技术,建立了适合中国水土流失定量评价的简易计算方法,并在国内许多地区推广使用。Fu 等[7]利用通用土壤流失方程 USLE,分析了延河流域水土流失成因及特点,完成了该地区土壤侵蚀的定量评价。

中国在土壤侵蚀方面做了许多研究工作,尤其在 20 世纪 70 年代末以后发展迅速。傅伯杰等[8]将景观生态的理论与土壤侵蚀相结合,提出了用于分析多尺度土壤侵蚀的评价指数。邱阳等[9]采用土壤侵蚀模型 LISEM 来分析黄土丘陵区的土壤侵蚀情况,进而评价土壤侵蚀与各环境因子的相关性。姜琳等[10]运用 3S 技术结合 RUSLE 模型的月模式计算了岷江上游土壤侵蚀量的变化,从坡度、土地利用、高程等分析了岷江上游土壤侵蚀的空间分布。冯永丽等[11]应用遥感解译与地质图叠加分析,确定了重庆地区不同地质条件下土壤侵蚀的时空分异特征及响应机制。

第二节　土壤侵蚀模型

土壤侵蚀模型是对土壤侵蚀量进行合理估算的重要方法,其对土壤侵蚀现状的评价分析和水土流失治理措施的科学制定具有重要的现实意义。自20 世纪 60 年代通用土壤流失方程 USLE 提出以来,学术界对土壤侵蚀预测预报模型的研究逐步深入,系列成果对指导社会生产实践具有重要价值。

通用土壤流失方程 USLE 在土壤侵蚀定量化中的应用最为广泛,研究学者将 USLE 模型与中国土壤侵蚀作用和规律相结合,进行了系列的校正分析[12],并且建立起了更适用于中国实际情况的土壤侵蚀模型。随着研究的深入,研究者们开创性地将 GIS、RS 等现代技术手段与 USLE 模型相结合,探索出新思路并得到了系列推广[13],这种新的思路综合考虑了水土流失的多种因素,体现出一定的精度和准确性[14]。1992 年又出现了 USLE 的修正版模型 RUSLE[15],该模型较 USLE 而言具有一定的调整和完善,侵蚀因子的计算和评估也更加精确,适用性更强,目前已发展成为流域综合治理、土壤侵蚀评价和预测的有效手段[16]。由于不同研究区环境因素和人类活动的影响不同,直接采用美国的土壤侵蚀因子进行取值并不适宜,故中国在许多地区都建立了适合本区域的 RUSLE 模型,以便于地区水土流失的准确评价与科学预测。研究学者还建立了适用于流域范围的土壤流失方程[17],以及与 3S 技术相结合的土壤侵蚀预报模型[18-20]。

理论上土壤侵蚀物理模型精度远高于经验模型,但物理模型复杂的参数难以准确获取,因此流域及区域尺度的土壤侵蚀评价多为经验模型[21]。USLE 和 RUSLE 是全球使用最为广泛的土壤侵蚀模型,并在很多国家得到了应用[22-23]。冯精金[24]综合考虑土壤侵蚀的影响因素和数据的可获得性来选取土壤侵蚀模型的关键因子,借鉴统计经验模型的思路和优点,利用空间信息技术确立土壤侵蚀空间模型,在模型修正的基础上完成了潮白河流域土壤侵蚀模数的估算。于文竹[25]基于三江源区内气象、土壤及遥感影像等数据,通过模型模拟计算分析了三江源水力侵蚀强度分布、风力侵蚀强度分布及冻融侵蚀强度分布,并依据对应的分级标准对各类侵蚀进行分级,定量分析了三江源地区土壤侵蚀的空间分布特征。

第三节　基于站点实测资料的土壤侵蚀因子研究

一、降雨侵蚀力因子(R)

降雨侵蚀力因子(R)是指由降雨能量而引发土壤侵蚀的潜在能力。EI_{30} 模型是著名经典算法,即用次降雨总动能 E 与该次降雨的最大 30 min 雨强 I_{30} 的乘积,进行降雨侵蚀力因子(R)计算。然而经典模型数据难以获取,故有研究学者通过建立日、月、年降雨量与经典降雨侵蚀力因子(R)算法(EI_{30})之间的经验关系进行 R 值计算,主要 R 算法模型见表 2-1。

　　降雨侵蚀力因子 R 主要有幂函数、多项式、一元二次函数等计算模型,不同公式的形式及系数均存在差异。在用于描述降雨侵蚀力因子 R 时,常用降雨量、雨强和径流量 3 个因子[34]。目前,关于降雨量与土壤侵蚀相互关系的研究,国内已取得一定成果。例如,吴发启等[35]在黄土高原南部坡耕地次降雨溅蚀模拟试验的基础上,通过回归分析研究出次降雨量与土壤侵蚀量的幂函数关系,其结论在姚治君[36]关于云南玉龙山地区的水土流失规律研究中也得到了验证。胡续礼[37]利用河南鲁山水土保持试验观测站 4 年中 49 次降雨过程资料,对不同类型的降雨侵蚀模型进行对比分析,结果发现卜氏简易算法模型[31]结构形式简单、资料易得,仅需提取汛期降雨量和 30 min 最大雨强数据即可实现区域降雨侵蚀力因子 R 的计算,为提高水土流失定量监测的准确度和时间分辨率奠定了基础。

表 2-1　降雨侵蚀力因子(R)算法模型

模型	来源	公式表达	参数解释
次降雨模型	郑海金等[26]	$R_e = 0.280\ 8P_r^{1.732}$	R_e——次降雨侵蚀力; P_r——次降雨量,mm
	刘宝元等[27]	$R_e = 0.246\ 3P_rI_{30}$	R_e——次降雨侵蚀力; P_r——次降雨量,mm; I_{30}——次降雨的最大 30 min 雨强,mm/h
日降雨模型	谢云等[28]	$R_j = 0.184\sum_{j=1}^{k}(P_dI_{10\,d})$	R_j——第 j 个半月时段的降雨侵蚀力; P_d——≥12 mm 的日降雨量,mm; $I_{10\,d}$——日降雨的最大 10 min 雨强,mm/h
	宁丽丹等[29]	$R_j = 0.57[1+0.85\cos(\frac{\pi}{6}j+\frac{5\pi}{6})]\sum_{k=1}^{N}P_k^{1.5}$, $(P_k>P_0)$	R_j——j 月降雨侵蚀力; P_k——第 k 日降雨量,mm; P_0——临界降雨量,mm; N——每月日降雨量超过临界降雨量的天数,d
	缪驰远等[30]	$R_j = 1.157\ 3\sum_{k=1}^{n}P_k^{1.529\ 2}$	R_j——第 j 个半月时段的降雨侵蚀力; n——该半月段内的天数,d,当月份天数为奇数时,取前半月为最大值; P_k——第 k 日降雨量,只有≥12 mm 的日降雨量 P_k 参与计算

续表 2-1

模型	来源	公式表达	参数解释
月降雨模型	卜兆宏[31]	$R_i = \sum_{j=1}^{12} 0.287 P_j^{1.574}$	P_j——月降雨量,mm,只有$\geqslant 12$ mm 的月降雨量 P_j 参与计算
	缪驰远等[30]	$R_i = \sum_{j=1}^{12} 0.0037 P_j^{2.1603}$	P_j——月降雨量,mm,只有$\geqslant 12$ mm 的月降雨量 P_j 参与计算
年降雨模型	卜兆宏等[31]	$R = 0.128 P_f I_{30B} - 0.192 I_{30B}$	P_f——该区汛期各月降雨总量, mm; I_{30B}——该区代表站的连续 30 min 最大降雨强度的年代表值,cm/h
	史东梅等[32]	$R = 0.0113 P_i^{1.734}$	R——年降雨侵蚀力; P_i——年降雨量,mm
	章文波等[33]	$R = a_1 P^{b_1}$	a_1、b_1——模型参数; P——年降雨量,mm

二、地形因子(LS)

在 USLE 和 CSLE 模型中,均使用地形因子来表征地形差异对土壤侵蚀产生的影响。USLE 和 CSLE 模型中地形因子的定义相同,均为坡长因子、坡度因子的统称。坡长因子指降雨、土壤、坡度、地表状况等条件一致时,特定坡长上的土壤侵蚀量与垂直投影坡长 22.13 m 坡面土壤侵蚀量的比值。坡长之所以能影响土壤侵蚀,是因为在坡度不变的情况下,坡长越长,受雨区面积越大,坡面汇流量越大;而且坡长越长,地表径流具有的势能越大,转化为动能时径流速度越快,径流冲刷力越强。坡长对径流流动过程及下渗时间有着直接影响,研究坡长因子实质是研究坡长与侵蚀量的函数关系式[38]。

坡度大小决定地面陡缓程度,从而影响其他侵蚀因子的作用效果,最终影响侵蚀量大小。在上述过程作用下,坡面径流的流速和流量都将增大,土壤侵蚀作用加强[39]。杨勤科等[40]结合 Van Remortel 等[41]的地形因子算法,完善了关于坡面水流流向的计算方法,并根据中国土壤侵蚀的现实情况,在坡度因子模型中增加了符素华等[42]的陡坡坡度因子公式。梁晓珍[43]、Wei Qin

等[44]考虑黄土高原小流域不同模型对流域土壤侵蚀评价的影响,基于 RUSLE 模型,采用 LM 和 LG 两种方式量化小流域土壤侵蚀情况,并比较了两种方法估算的不同土地利用类型的土壤流失量。马亚亚等[45]利用 2005～2016 年纸坊沟流域水文站月降雨量、土壤类型等数据,评价 CSLE 模型中的相关因子,计算土壤侵蚀程度,并分析坡度变化与土地利用及土壤侵蚀的关系。

三、土壤可蚀性因子(K)

土壤可蚀性用来表征土壤本身理化性质对侵蚀的敏感性,是进行水土流失防治和土壤侵蚀定量评价的重要依据,因此土壤可蚀性因子 K 是国内外学者研究的重要领域。土壤可蚀性研究分为三个阶段:土壤可蚀性评价指标确定、USLE 中 K 值测定与估算、土壤可蚀性指标时空变化及不确定性分析。Zhang 等[46]在中国南、北方多地径流小区观测的基础上,计算相应的土壤可蚀性因子 K 值,分析了耕地 K 值与 USLE、EPIC 和 Dg 公式中 K 的相关关系,提出黄土高原土壤可蚀性量化的计算模型。王彬[47-48]将土壤有机质的分析与 Dg 公式相结合,探索出了适于中国地区 K 值的计算公式。

土壤可蚀性影响因素与可蚀性计算模型是土壤可蚀性相关研究的两个重要领域。在可蚀性影响因素的研究上,Wang 等[49]、Anita Veihe 等[50]认为土壤颗粒组成、团聚体稳定性是土壤可蚀性的重要参数,这些参数决定着可蚀性 K 值的大小,A. R. Vaezi 等[51]研究认为,砂粒、粉沙、极细沙、有机质、石灰、水稳性团聚体、渗透性与 K 值显著相关。

基于 USLE 的土壤可蚀性因子 K 值评价有两种典型方法:

其一,野外径流小区定位观测法。在标准径流小区条件下,对不同土壤类型的可蚀性差异进行对比评价[52],USLE 中规定标准小区坡度 9%,垂直投影坡长 22.13 m,且保持清耕休闲状态。中国《水土保持监测技术规程》(SL 277—2002)中规定标准小区垂直投影长 20 m、宽 5 m、坡度 5°或 15°、平整坡面后撂荒至少 1 年且无植被覆盖的小区。刘宝元等[27]为了资料对比的需要,提出中国的标准小区为 15°坡度、20 m 坡长、5 m 宽的清耕休闲地,在标准径流小区上设置连续休闲耕作小区,观测天然降雨条件下的降雨径流泥沙,利用 CSLE 模型计算土壤可蚀性因子 K 值。

国内研究者以 USLE 方程为基本框架,利用径流小区试验观测对 K 因子进行了系列研究。杨欣等[54]对同时有径流小区实测 K 值、Wischmeier 和 EPIC 公式估算 K 值的水土流失监测站点进行长期跟踪研究,分区对比估算值与实测值,发现不同区域直接利用 Wischmeier 或 EPIC 公式估算的土壤可蚀

性因子 K 值与实测值存在较大差异,最大可达 10 倍多,与张科利等[55]得出利用估算方程计算中国 K 值偏大的结论一致,说明利用公式估算法直接确定的 K 值与实测值偏差较大。岑奕[56]在全国土壤普查资料的基础上,运用 EPIC 模型计算了中国中部地区土壤侵蚀的主要因子,通过覆盖区土壤类型分布图分析了土壤侵蚀因子 K 的空间分布。张科利等[57]对我国黄土高原地区的土壤可蚀性进行了进一步论证分析,在其研究基础上定义了中国标准小区的相关概念。径流小区试验无须等候特定的雨型,从而加快了水土流失规律的研究进程,继而成为分析和评价土壤可蚀性因子的重要工具[58]。

其二,数学模型和图解法。在进行土壤可蚀性与土壤理化性质的回归分析或绘制成诺谟图的基础上[59-62],对土壤可蚀性因子 K 值进行评价。在实际应用中若采用 Wischmeier 或 EPIC 模型进行土壤可蚀性估算[63],会导致与实测数据相比偏差较大,不能反映出研究区土壤可蚀性因子的真实情况[64];即使同一估算模型、同种土质,理化性质差异也会导致土壤可蚀性因子 K 值不同[65],因此需要利用水土保持监测站点长期观测数据对土壤可蚀性因子 K 值进行系统计算,为实际土壤侵蚀研究提供较为可靠的 K 值。

早期研究认为,土壤可蚀性完全是由土壤的内在性质决定的,因此有学者认为特定土壤可蚀性因子 K 值恒定[66]。随着土壤可蚀性研究的不断深入,学者们逐渐发现土壤可蚀性因子 K 值不仅取决于土壤自身属性,还受地形条件、气候因素及人为活动等多重因素的影响[67-68]。在多种因素的共同作用下,土壤的内在属性发生改变,进而导致土壤可蚀性因子 K 值在时空分布上具有明显的分异规律;同时,土壤可蚀性时空变化特征是当前土壤可蚀性研究的重点和前沿问题之一。

四、植被覆盖因子(C)

植被既保护土壤又涵养水源,起着抑制水土流失的重要作用。植被覆盖对地表的减沙效应很早就受到水土流失防控和水土保持综合治理工作的重视,早期研究主要集中在植被覆盖情况与土壤流失量的定量分析。已有研究结果表明,植被覆盖度高低与地表径流量大小有较高相关性,植被覆盖直接影响区域土壤侵蚀情况;即使是相同的植被覆盖度,不同植被类型产生的土壤侵蚀量也有差异[69-70]。毕小刚等[71]根据北京近 1 000 个坡面径流小区的试验数据,分析得到玉米坡耕地、10% 林地和 40% 人工草地的 C 值分别为 0.147 0、0.123 0 和 0.103 3。张雪花等[72]通过人工降雨模拟径流试验,对东北黑土区不同植被类型的 C 值进行计算,得到研究区 C 因子取值范围为

$0.148\sim0.341$。唐寅等[73]利用径流小区土壤流失量观测系列资料,利用两种不同的 C 因子计算模型对重庆市不同土地利用方式下植被覆盖因子 C 的变化情况及成因进行分析,结果表明在选择区域植被因子计算模型时,采用基于径流小区土壤侵蚀的实测资料来计算植被覆盖因子 C 值的精度更高。

五、水土保持措施因子(P)

水土保持措施对土壤侵蚀影响的研究成果丰富,19 世纪 80 年代研究者开始通过径流小区试验观测,确定不同类型水土保持措施对土壤侵蚀产生的影响。自开展土壤流失预报与模型研究以来,水土保持措施与土壤侵蚀定量分析的研究倍受重视。在 20 世纪 40 年代,D. D. Smith 首次把农地水土保持措施的影响引入土壤流失方程的计算中。而在 P 因子计算时,由于基准条件不统一,多以农地为基准值比较各种水土保持措施的效益,有研究按照 USLE 方程中水土保持因子的定义计算 P 值[74-76]。李巍[77]利用经验公式确定大兴安岭水土保持措施因子,通过对比历来研究数据,发现经验计算模型结果可靠,适用于大兴安岭地区 P 因子值的获取。

P 因子与 C 因子的作用类似,都能起到提高土壤抗蚀能力、减少侵蚀危害的效果,USLE 中首次对水土保持措施因子定义和计算方法做了全面阐述,即在标准小区中,有水土保持措施的土壤流失量与无水土保持措施的土壤流失量之比[78]。RUSLE 中水土保持措施因子的适应范围更广[79],进行 P 值计算的实质是基于经验和物理侵蚀过程的混合模型研究。

第四节　河南 6 个站点实测资料应用研究

目前,针对河南土壤侵蚀因子研究主要是基于 RS、GIS 手段进行分析,如黄硕文等[80]在 RUSLE 模型的基础上,利用遥感影像数据分析了 $2008\sim2018$ 年间河南省土壤侵蚀的变化动态。刘天可等[5]利用 GIS 系统和遥感数据,将 RUSLE 模型应用到黄河流域河南段土壤侵蚀评价的研究中。王玲玲等[81]基于 CSLE 模型,利用 GIS 与 RS 信息技术,定量分析了黄河中游主要产沙区 $2000\sim2013$ 年土壤侵蚀时空变异特征。

利用 3S 技术与土壤侵蚀模型相结合进行区域性的土壤侵蚀研究愈加广泛[82],而河南水土流失监测和土壤侵蚀试验观测站点实测资料数据应用于研究的成果很少,站点实测数据科学价值与应用价值未得到充分发挥,本书利用河南罗山站、南召站、鲁山站、嵩县站、陕州站、济源站等 6 个水土流失监测与土壤侵蚀观测站点系列原始观测数据,通过对土壤侵蚀降雨侵蚀力因子(R)、地形因子(LS)、土壤可蚀性因子(K)、植被覆盖因子(C)、水土保持措施因子(P)进行定量计算,分析河南土壤侵蚀因子 R、LS、K、C、P 时空变化特征,为攫取站点观测原始数据利用价值、省域水土流失动态监测和水土保持综合治理与生态环境保护提供科学依据和技术支撑。

第三章　水土流失监测与土壤侵蚀观测站点

第一节　监(观)测站点及布站区域概况

　　河南省位于黄河中下游的中原地区,处于第二、三阶梯的过渡地带,地跨淮河、长江、黄河、海河四大水系。全省设有6个水土流失监测与土壤侵蚀观测站点,分布见图3-1。

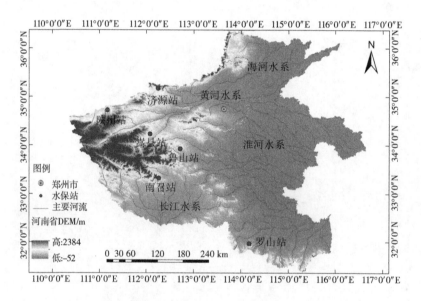

图 3-1　河南省水土流失监测与土壤侵蚀观测站点位置图

　　根据国家发展和改革委员会的批复,全国水土保持监测网络和信息系统建设二期工程,河南省水土流失监测点建设包括1个监测总站、6个监测分站和29个监测点,见表3-1,地跨淮河流域、长江流域、黄河流域,分属豫西黄土阶地与黄土丘陵区、豫北太行山石质山区、豫西南桐柏山与伏牛山风化片麻岩低山丘陵区、豫南大别山花岗片麻岩区,涵盖整个河南的水土流失重点治理区和水土流失重点预防保护区,具有典型代表性。

表 3-1　河南省水土流失监测与土壤侵蚀观测站点基本情况

监测点名称	隶属关系	流域	水系	所属地区	所属"三区"	土壤侵蚀类型区
鲁山县迎河小流域综合观测站	平顶山监测站	淮河	淮河干流	鲁山县	省级重点治理区	水力侵蚀北方土石山区
陕州区金水河小流域控制站	三门峡监测站	黄河	黄河干流	陕州区	国家级重点治理区	水力侵蚀西北黄土高原区
嵩县胡沟小流域控制站	洛阳监测站	黄河	黄河干流	嵩县	国家级重点治理区	水力侵蚀西北黄土高原区
南召县新爷沟小流域控制站	南阳监测站	长江	汉江	南召县	省级重点预防保护区	水力侵蚀南方土石山区
济源市虎岭河小流域控制站	省监测总站	黄河	黄河干流	济源市	省级重点预防保护区	水力侵蚀西北黄土高原区
陕州区火烧阳沟坡面径流场	三门峡监测站	黄河	黄河干流	陕州区	国家级重点治理区	水力侵蚀西北黄土高原区
陕州区五花岭坡面径流场	三门峡监测站	黄河	黄河干流	陕州区	国家级重点治理区	水力侵蚀西北黄土高原区
陕州区张村坡面径流场	三门峡监测站	黄河	黄河干流	陕州区	国家级重点治理区	水力侵蚀西北黄土高原区
嵩县胡沟坡面径流场	洛阳监测站	黄河	黄河干流	嵩县	省级重点治理区	水力侵蚀西北黄土高原区
嵩县韩岭坡面径流场	洛阳监测站	黄河	黄河干流	嵩县	国家级重点治理区	水力侵蚀西北黄土高原区
嵩县闫庄坡面径流场	洛阳监测站	黄河	黄河干流	嵩县	国家级重点治理区	水力侵蚀西北黄土高原区
济源市赵沟坡面径流场	省监测总站	黄河	黄河干流	济源市	省级重点预防保护区	水力侵蚀西北黄土高原区
济源市小北沟坡面径流场	省监测总站	黄河	黄河干流	济源市	省级重点预防保护区	水力侵蚀西北黄土高原区
南召县半截沟坡面径流场	南阳监测站	长江	汉江	南召县	省级重点预防保护区	水力侵蚀南方土石山区
南召县石灰沟坡面径流场	南阳监测站	长江	汉江	南召县	省级重点预防保护区	水力侵蚀南方土石山区
南召县新爷沟坡面径流场	南阳监测站	长江	汉江	南召县	省级重点预防保护区	水力侵蚀南方土石山区
罗山县万河坡面径流场	信阳监测站	淮河	淮河干流	罗山县	国家级重点预防保护区	水力侵蚀南方红壤区
罗山县朱堂坡面径流场	信阳监测站	淮河	淮河干流	罗山县	国家级重点预防保护区	水力侵蚀南方红壤区

做好水土保持和水土流失治理是长期性、基础性、技术性的工作,也是一项基本国策。分析水土流失危害程度和发展趋势,需要通过水土保持监测来获取和分析数据,进行防控手段、防控效果和防控现状研究。河南6个水土流失监测和土壤侵蚀试验观测站从1982~2020年(1991~2011年停测)进行了18年径流、泥沙观测,1984年制定了河南省水土保持科学试验站径流测验与资料整编暂行规定,对监测观测资料进行了数据整编。

水土流失监测设施与监测内容见表3-2、水土保持监测站观测资料序列见表3-3。

表3-2　水土流失监测设施与监测内容

监测设施	监测内容
小流域控制站	降雨特征、植被类型、土壤水分、径流泥沙、逐次洪水记录等
坡面径流场	植被盖度、土层厚度、田间管理、作物产量、水土保持措施等
综合气象站	降雨量、蒸发量、气压、日照、风速风向、气温、地温等

表3-3　水土保持监测站观测资料序列(年)

水保站	雨量点	把口站	径流小区	气象站
鲁山站	1982~1990 2012~2020	1982~1990 2012~2020	1982 2012~2020	1982~1990 2012~2020
陕州站	1982~1990 2012~2020	1982~1986 2012~2020	1985 2012~2020	1985~1990 2012~2020
嵩县站	1983~1990 2012~2020	1985~1990 2012~2020	1985 2012~2020	1983~1986 2012~2020
南召站	1982~1990 2012~2020	1984~1990 2012~2020	1982~1986 2012~2020	1983~1990 2012~2020
济源站	1982~1990 2012~2020	1982~1990 2012~2020	2012~2020	1984~1990 2012~2020
罗山站	1982~1990 2012~2020	1982~1990 2012~2020	2012~2020	1987~1990 2012~2020

小流域控制站见图 3-2、坡面径流观测场见图 3-3、综合气象观测站见图 3-4。

图 3-2 小流域控制站

图 3-3 坡面径流观测场

图 3-4　综合气象观测站

第二节　鲁山迎河监（观）测站点

一、站点基本概况

鲁山县岳村水土保持科学试验站始建于 1980 年,1982 年开始观测。代表淮河上游土石山区土壤侵蚀特征。在迎河流域内,布设了岳村总控断面和石梯沟、三岔沟、桔茨湾、李大沟 4 个径流场,并在石梯沟、桔茨湾、岳村、李大沟及赵家设基本雨量点 5 个,岳村气象场 1 处,人工径流小区 8 个。

(一)雨量点

雨量点共 6 个,包括石梯沟、桔茨湾、李大沟、赵家、岳村和流域外的二号试验场设专用雨量点 1 个。1982~1983 年用标准雨量筒,1984 年起用虹吸式自记雨量计。

(二)把口站

把口站共 5 个,分别为:①总控断面位于岳村以南公路桥下游 250 m,系浆砌石矩形人工测流断面,断面附近顺直河段长 50 m、宽 8 m。原为自然河床,1982 年汛后断面下游冲深 0.5~0.8 m,为防止继续冲刷并形成良好的断面控制,于 1983 年汛前在基下 45 m 处设有高为 1.1 m 的浆砌石溢流坝。②石梯沟。流量小于或等于 0.248 m³/s 时用顶角为 90° 的三角堰,流量大于 0.248 m³/s 时用设在三角堰下游的巴歇尔量水槽,喉道宽度为 4 m。③三岔沟。设有喉道宽度为 1.75 m 的巴歇尔量水槽,量水槽可测得的最大流量为

4.08 m³/s。④桔茨湾。上游设巴歇尔量水槽,喉道宽度为 4 m,最大可测至 15 m³/s;下游设顶角为 90°的三角堰,最大水头 0.5 m,可测流量 0.248 m³/s。⑤李大沟。形式同桔茨湾。

(三)径流小区

自 1982 年 1 月开始观测,位于总控断面东南约 300 m 的二号试验场,属风化片麻岩丘陵区,设于 1982 年。测流工程均系三级分水池,以量取逐次降雨的径流与泥沙总量(包括悬移质与推移质),并于 1983 年设置专用雨量点,进行汛期人工观测降雨量。

(四)气象场

气象场设于岳村水保站,场地四周空旷,长 20 m、宽 16 m,面积 320 m²。场地海拔 295.71 m。场内设 φ20 小型蒸发器,百叶箱(干球、湿球温度计,最高、最低温度表),EL 型风向风速仪,乔唐式日照计,5~20 cm 地温表,标准雨量筒,虹吸式自记雨量计。

二、布站区域概况

监(观)测站位于迎河小流域,总控断面设在迎河流域中部岳村以南公路桥下 250 m,地理位置东经 112°42′49″~112°44′20″、北纬 33°54′16″~33°56′34″。小流域控制面积 5.73 km²,主沟道长 5.0 km,海拔 258.7~732.5 m、相对高差约 474 m,主沟道平均纵比降 0.052,河床组成为基岩和砂卵石,流域形状系数 0.3、平均宽度 1.2 km、沟壑密度 3.1 km/km²。

气候属大陆性季风气候,地貌属低山丘陵区,岩性主要有石灰岩、风化片麻岩,土壤以坡黄土、立黄土为主。乔木主要有泡桐、杨树、楸树、栎树、刺槐等;灌木主要有荆条、酸枣等;草本主要有蒿类、狗尾草、苜蓿、黄背草、地柏枝、鬼针草等;农作物以小麦、玉米和豆类为主。土壤侵蚀主要为水力侵蚀,以面蚀、沟蚀为主,生态环境比较脆弱。

迎河小流域内建有塘坝 3 座,控制面积 5.52 km²,库容 9.18 万 m³;淤地坝 13 座;谷坊 132 座;耕地 91.22 hm²,林地 452.45 hm²,其他用地 29.42 hm²;植被覆盖率 31%,流域年平均侵蚀模数 1 090 t/(km²·a)。

三、监测观测情况

迎河小流域降水量全年监测,汛期进行径流、泥沙监测,径流场对每次产流雨观测其径流量和输沙量。站点工作包括审核外业资料、整编内业资料、编写年度监测报告、填写有关表格等。鲁山水保站有综合试验楼 1 座,试验场地

3 处,共计 200 余亩❶;水保站以迎河流域为试验研究流域,重点研究风化片麻岩地区水土流失规律及生态治理措施,为地区水土保持治理生态修复提供基础支撑。开展的项目有:水文气象观测、土壤理化分析、径流泥沙测验、水土保持农业措施、林草措施及工程措施研究和开发建设项目水保方案编制,以及小流域水土保持生态工程建设项目的调查、规划、验收等工作。

(一)雨量观测

(1)非汛期:采用两段制人工雨量筒观测降雨量,日分界为上午 8 时,及时记录降水(雪或雹)起止时间(月和日)、雨量。

(2)汛期:同时采用 JDZ05-1 型翻斗式雨量传感器和自记雨量计进行监测。

(二)径流观测与取样

(1)根据气象变化随时做好径流观测与取样的准备工作。

(2)小雨、中雨时保证两人 24 h 同时在岗观测取样。

(3)非汛期采用两段制每日 8 时、20 时各观测一次。

(4)汛期平水期采用两段制,每日 8 时、20 时各监测一次,每 5 d 取一次水样。洪水监测必须有一个完整的过程(分起涨点、峰谷、峰顶、落平),科学、合理、及时监测水位、取样并记录,一般洪水含沙量取样不少于 10 次;洪水陡涨陡落时不受时间变化限制,随水位、含沙量变化及时监测,取水样适当加密测次;监测方法采用人工读水尺和 RM-UW-80A 型自计水位计相结合。

(5)小径流时在上游三角量水堰读水尺、取样、记录;三角量水堰顶角为120°,堰顶水头 0.5 m,堰顶开口宽 1.73 m,堰口以下槽深 0.5 m。一旦发生较大或特大洪水水位超过三角量水堰水尺时,及时撤至下游巴歇尔量水槽继续监测读水尺、取样、记录。

第三节　陕州金水河监(观)测站点

一、站点基本概况

1980 年 8 月设立陕州(原陕县)水土保持科学试验站,代表豫西黄土丘陵区土壤侵蚀特征。在火烧阳沟小流域总控断面以上布设了基本雨量点,站址

---

❶ 1 亩 = 1/15 hm²,全书同。

附近布设气象场、人工径流小区,自 1982 年 6 月 1 日起观测。

(一)雨量点

雨量点共 4 个,分别为人马寨、王村、大坪、傲岭。1982 年只在 7~9 月观测,1983 年 1 月 1 日始改为全年观测。1986 年以前使用标准雨量器,从 1986 年 5 月 1 日起,新增虹吸式自记雨量计。2018 年 4 月重新建立一体化遥测雨量站 3 套,雨量站 1 布设在控制站院内,雨量站 2 布设在赵庄村,雨量站 3 布设在贾庄村。

(二)把口站

(1)总控断面为大型巴歇尔测流槽,喉道宽 9.1 m,侧墙高 3.2 m,按 20 年一遇设计,可在 0.41~101 m³/s 内测流,1985 年前使用正常,以后淤积逐年严重,至 1986 年年底报废,改用浮标测流。

(2)小型巴歇尔量水槽,设于其上 30 m 处,喉道宽 0.75 m,在 0.016~0.425 m²/s 测流。

(三)径流小区

在原有径流小区基础上,于 2008 年重建成 3 组径流场共 12 个标准径流小区、24 个集流池,其中 10°、15°、25°标准径流小区各 4 个;每个标准小区含 2 个集流池,容积各为 3 m³;每个标准小区面积为 100 m²(水平长 20 m、宽 5 m)。10°、15°标准小区为经济作物区;25°标准小区为灌木林草区。坡面径流场保留人工观测设施基础上,配置全自动气象站 1 套、移动植被覆盖度摄影测量仪 1 套、一体化遥测雨量站 1 套、便携式多参数土壤水分速测仪 1 套、径流泥沙自动采集系统 1 套、全剖面泥沙采样器 1 个。

(四)气象场

气象场长 20 m、宽 16 m,面积 320 m²,场地海拔 624.4 m。场内设 φ20 小型蒸发皿,百叶箱(干球、湿球温度计,最高、最低温度表),EL 型电传风向风速仪,乔唐式日照计,地表温度计及 5~20 cm 地温计。

二、布站区域概况

金水河小流域控制站监测点位于金水河上游的南王村东南方向,地理位置东经 111°15′04″、北纬 34°38′27″,主沟道长 6.0 km,相对高差 165 m,主沟道平均纵比降 0.028,流域面积 10.10 km²,属黄河一级支流。径流场位于火烧阳沟流域西张村镇五花岭,地理位置东经 111°11′07″、北纬 34°43′35″。金水河小流域控制面积为 10.10 km²。火烧阳沟流域为青龙涧河的一级支流,总控断面以上流域面积为 22.2 km^2,海拔 435~723 m,流域内有大小支沟 78 条,其中 500 m 以上支沟 39 条,沟壑密度 2.36 km/km^2。

主要土壤类型为立黄土,土层深厚,质地疏松。植被类型乔木主要有刺槐、泡桐、杨树。暖温带大陆性季风气候。水土流失主要为水力侵蚀,以面蚀、沟蚀为主,金水河小流域近年来未进行流域治理,流域内水土保持措施主要依靠自然生态修复。

三、监测观测情况

(一)降水

雨量监测采用人工和自记相配合监测,以自记为主,人工辅助。非汛期采用两段制即 8 时和 20 时,汛期采用四段制即 2 时、8 时、14 时和 20 时,非汛期为雨量筒人工观测,汛期为雨量筒人工观测和一体化遥测雨量站同时观测。

(二)径流泥沙

观测以人工为主,2020 年径流场安装径流泥沙自动采集系统 1 套。径流、泥沙监测采用人工搅拌舀水取样法,每次产流时观测产流的开始水位,按采样间隔记录一次水位,至水位回落到基流。在产流过程中进行水样采样,采样采用水样瓶取样,4 瓶分为一组,共 6 组 24 瓶。洪水涨起开始记录时间,并开始采样,记录取样瓶号。第一组 1~4 号瓶间隔 15 min 采样,第二组 5~8 号瓶间隔 30 min 采样,第三组 9~12 号瓶间隔 1 h 采样,第四组 13~16 号瓶间隔 2 h 采样,第五组 17~20 号瓶间隔 4 h 采样,第六组 21~24 号瓶间隔 8 h 采样,共计经历 63 h,约 2.5 d。实际的最终采样总数视洪水涨落历时而定:洪水涨落历时小于 63 h,采样数量可少于 24 瓶;洪水涨落历时超过 71 h,采样数量可大于 24 瓶,直至洪水停止为止,或水位降到日常水位后,按照日常观测进行。

取样后将样品的泥水全部倒入烘干仪器中,同时在径流泥沙采样记录表中记录相应的泥沙盒号。静置泥沙盒直至泥沙沉淀上部为清水,然后将上层清水样用滤纸过滤,通过"过滤法"计算次产流土壤流失量。

(三)径流小区植被覆盖度

植被覆盖度测量采用的监测方法为目估法,固定于每月的 1 日和 16 日各测量一次植被覆盖度,每次径流发生后加测一次。

第四节　嵩县胡沟监（观）测站点

一、站点基本概况

嵩县水土保持科学试验站位于阎庄乡胡沟流域出口处,代表黄河流域豫西黄土丘陵区土壤侵蚀特征。始建于 1957 年 3 月,1968 年 10 月停办,1980 年 7 月恢复。在胡沟流域布设流域总控断面,其东洼和寺沟流域建有巴歇尔测流槽,布设径流小区 3 组(10°、15°、25°坡度),8 个基本雨量点、1 个专用雨量点,站内设有气象场 1 处。1982 年 1 月 1 日正式投入观测。

(一)雨量点

雨量点共 8 个,分布在气象场、高垛、北李沟、门沟、龙脖、张旺沟、阴坡岩、东洼,后减为 3 个。

(二)把口站

把口站共 3 个,分别为:①总控断面位于闫庄法华寺学校南,1971 年 4 月修建,测流槽全长 80 m,宽 15 m,河床比降 0.012 5,可测得最大流量 2 m³/s。1982 年在断面上游修建了巴歇尔测流槽,但在该年 7 月 29 日大洪水中被冲毁。②胡沟流域上游的东洼测流槽,控制面积 0.43 km²,1983 年设置浆砌石巴歇尔测流槽,喉道宽 2 m,可测得最大流量 9.49 m³/s。③胡沟流域下游的寺沟测流槽,控制面积 0.72 km²。1983 年 3 月设置浆砌石巴歇尔测流槽,喉道宽 2.5 m,可测得最大流量 8 m³/s。

(三)径流小区

径流小区分农业径流小区和林业径流小区两类。①农业径流小区 6 个,主要用于不同坡度同措施下的水土流失状况研究。有 3 种坡度(10°、15°、25°),坡长均为 20 m,宽度 5 m。测流设施采用集水池,以量取逐次降雨的径流与泥沙总量。②林业径流小区 3 个,用于水土保持林研究。有 3 种坡度(10°、15°、25°),坡长均为 20 m,宽度 5 m。测流设备采取分流池、集流池。

(四)气象场

气象场设于站前空旷地,16 m×20 m。观测蒸发、气压、温度、湿度、风向、风速、日照、降雨。

二、布站区域概况

胡沟流域属黄河流域伊河水系,流域面积 13.34 km²,其中水库以上 4.79

km², 水库以下 8. 55 km², 海拔 332. 7~737. 0 m, 土壤主要为褐土, 植被乔木树种有杨、柳、榆、槐、椿、柏、栎等。

三、监测观测情况

建设有试验流域 1 个, 试验田 1 处, 内设雨量站 3 个、气象场 1 处、径流场 2 处、径流小区 4 组, 总控断面 1 处。水土流失监测指标主要包括降雨、径流、泥沙等 3 个指标, 并对控制流域野外调查进行动态监测, 主要包括流域地貌特征、土壤、植被、土地利用情况及水土保持措施等方面的指标。

第五节　南召新寺沟监(观)测站点

一、站点基本概况

1980 年恢复南召青杠扒水保站, 位于四棵树乡青杠扒村, 代表豫西南唐白河水系花岗岩区土壤侵蚀特征。新寺沟、和平沟出口处布设测流控制断面, 流域内设新寺、三道岭、半截沟、石灰窑沟、老虎石沟径流场和青杠扒、新寺庙、上殿、三道岭基本雨量点, 在刘庄设气象场。

(一)雨量点

汛期用自记雨量计观测, 非汛期用标准雨量筒观测。为配合新寺、半截沟、石灰窑沟、老虎石沟径流小区观测, 在新寺、石灰窑沟、半截沟、老虎石沟设有人工观测的专用雨量点。在城郊乡西沟小流域设青峰山基本雨量点和西沟 2 号专用雨量点。

(二)把口站

和平沟总控断面为浆砌石矩形断面, 长 50 m、宽 18 m、岸高 2 m, 比降 5‰, 可测最大流量 150 m³/s。基本断面以上 2 m 处架有测流工作桥, 下游 200 m 处设有 90°三角堰。过水深 0. 4 m, 可测最大流量 0. 142 m³/s。新寺沟总控断面, 测流河段顺直, 行洪河槽底宽 14 m, 两岸砌有 1:0. 5 的护坡, 最大行洪流量 150 m³/s。基本断面上 100 m 处设有底宽 0. 75 m 的巴歇尔量水槽 1 个, 过水深 0. 55 m, 最大流量 0. 700 m³/s。两处断面的设计标准为 50 年一遇。高水位用浮标测流, 中水位用流速仪测流, 低水位用量水建筑物测流。

(三)径流小区

(1)新寺自然小区, 面积 29 700 m², 平均坡度 31°, 主要植被为马尾松, 植被覆盖率 80%, 郁闭度 0. 6。测流采用底宽 75 cm 的量水槽, 可测得最大流量

1.25 m³/s。

(2)三道岭自然小区,面积 58 600 m²,平均坡度 33°,主要植被为栎树,树龄 20 年,郁闭度 0.9。植被覆盖率 95%。测流采用 60°三角量水堰,可测最大流量 0.082 m³/s。

(3)半截沟自然小区,面积 46 200 m²,平均坡度 23°,主要植被为栎树,植被覆盖率 75%,郁闭度 0.4。测流采用底宽 100 cm 的量水槽,可测最大流量 1.69 m³/s。

(4)石灰窑沟自然小区,面积 16 800 m²,平均坡度 29°,植被为柞草混交,植被覆盖度 50%,郁闭度 0.3。测流采用底宽 1 m 的巴歇尔量水槽,可测最大流量为 1.69 m³/s。

(5)老虎石沟自然小区,面积 3 100 m²,流域平均坡度 26°,属陡坡耕地。测流采用 90°三角量水堰。

(四)气象场

气象场长 20 m、宽 16 m,面积 320 m²,场地海拔 236.5 m,场内设有 φ 20 蒸发器,2 个百叶箱(干球、湿球温度计,最高、最低温度表),EL 型风向风速仪,乔唐式日照记,5~20 cm 地温表,标准雨量筒及自记雨量计。1984 年年底将气象场迁至新站址西沟,场地海拔 244.7 m。

二、布站区域概况

新寺沟小流域控制站位于新寺沟流域,属长江流域唐白河水系,流域形状系数 0.26,属不对称狭长流域,干流长 4.5 km,比降 0.039,河床上游基岩裸露,下游为沙卵石,流域平均宽度 1.22 km,沟壑密度 2.4 km/km²。

青杠扒流域位于东经 112°15′~112°18′、北纬 33°17′~33°20′,流域面积为 19.8 km²,由和平沟及新寺沟两条支流组成,断面控制面积 15.4 km²,海拔在 213~919 m。地貌属低山丘陵,主要岩性为斑状花岗岩和少量石灰岩。土壤类型包括棕壤、水稻土和少量灰棕壤。在植被组成上,乔木以松、杉、栎为主,流域属暖温带半湿润的大陆性气候。

三、监测观测情况

2010 年对原有监测点进行复修复建,共设立 4 处水土保持监测点,分别为豫-4 南召县新寺沟小流域控制站、豫-14 南召县半截沟坡面径流观测场、豫-15 南召县石灰窑沟坡面径流观测场和豫-16 南召县新寺沟坡面径流观测场。豫-4 控制站测流建筑物是喉道宽 7 m 的巴歇尔量水槽,并设置雨量点 1

个,豫-14、豫-15、豫-16 径流场测流建筑物采用喉道宽 1 m 的巴歇尔量水槽,其中豫-15、豫-16 各设置 1 个雨量点。新寺沟小流域总出口控制,低水使用量水槽、中水使用流速仪、高水使用浮标法。水土流失监测指标主要包括降雨、径流、泥沙等 3 个,并对控制流域野外调查进行动态监测,主要包括流域地貌特征、土壤、植被、土地利用情况及水土保持措施等方面的指标。

第六节　济源虎岭监(观)测站点

一、站点基本概况

　　1980 年在蟒河支流虎岭河流域内的赵沟、小北沟设置 2 处径流场,代表太行山土石山区土壤侵蚀特征,进行林区(赵沟)和非林区(小北沟)对比观测。1980 年设赵沟、小北沟 2 个基本雨量点。1984 年建气象场 1 处,同年 5 月 1 日开始观测。1985 年年初又增设虎岭河总控断面 1 处,同年 7 月 3 日开始观测。1985 年增设虎岭雨量点和内官亭专用雨量点。由于小北沟雨量点与虎岭相距较近,1986 年取消了小北沟雨量点。

(一)雨量点

　　雨量点共有 3 个,建于 1986 年,包括赵沟、虎岭和内官亭雨量点,站内设自记雨量计和普通雨量器。

(二)把口站

　　(1)总控断面:位于虎岭水保站东南 200 m 处,内设大型巴歇尔测流槽,喉道宽 10 m,最大流量可测 85.3 m³/s。在测流下游修宽度为 12 m 的矩形堰,最大流量可测 0.425 m³/s。

　　(2)赵沟:设有巴歇尔量水槽,喉道宽度 3 m,最大可测 6.99 m³/s。测流槽下游设顶角为 90° 的三角堰。流量小于或等于 0.190 m³/s 时,用三角堰测流;流量大于 0.190 m³/s 时,用测流槽测流。

　　(3)小北沟:设有喉道宽度为 2.5 m 的巴歇尔量水槽,最大可测 5.83 m³/s,量水槽下游设顶角为 90° 的三角堰,流量小于或等于 0.190 m³/s 用三角堰测流,流量大于 0.190 m³/s 用量水槽测流。

(三)气象场

　　气象场长 20 m,宽 16 m,面积 320 m²,场地海拔 329 m,场内设有 φ20 小型蒸发皿、601 蒸发皿、百叶箱(干球、湿球温度计,最高、最低温度表),EL 型电接风向风速计,距地面 12 m,暗筒式日照计,0~20 cm 地温表和最高、最低地温表,标准雨量筒和虹吸式自记雨量计。

二、布站区域概况

监测点位于承留镇虎岭村,代表太行山土石山区土壤侵蚀特征。虎岭河小流域位于黄河中游北岸二级支流,流域面积 8.73 km²,西高东低,海拔 323~1 150 m。主沟道长 6.8 km,沟壑密度 3.5 km/km²。地貌为土石山,主要岩性为花岗岩、砂页岩等;土壤为砾质砂土、薄层黄土、厚层褐土等,其中以砾质砂土为主。植被乔木主要有栓皮栎、麻栎、刺槐及化香、椿、国槐、红枫等,流域属暖温带季风性大陆型气候。

三、监测观测情况

(一) 监测时段
豫-5、豫-12、豫-13 为全年监测,重点监测时段为 5~10 月。

(二) 监测方法
(1)降雨:采用遥测翻斗雨量计自动监测,同时与自记雨量计观测资料进行比对;在降雪期间,采用雨量筒进行观测;8 时为日分界。

(2)径流:采用观测水位推算流量方法。枯水期每日 8 时、20 时观测 2 次,如遇降雨,水位有明显变化,随时加测。观测时采用雷达水位计自动记录,同时与人工观测资料进行比对。

(3)泥沙:以单沙代替断沙,每次洪峰取沙次数要求可以完全反映洪峰变化过程。

第七节　罗山万河监(观)测站点

一、站点基本概况

1980 年 5 月在商城县何店流域布设总控断面、基本雨量点和人工径流小区,2010 年迁至罗山县,代表桐柏山大别山山地丘陵区土壤侵蚀特征。罗山径流场位于朱堂乡万河村,地理位置东经 114°11′54″,北纬 31°58′10″,有 2 个径流场,分别为豫-17 万河坡面径流观测场、豫-18 朱堂坡面径流观测场,共 8 个标准径流小区、8 个集流池,其中 10°、15°标准径流小区各 4 个,每个标准小区含 1 个集流池,每个小区面积为 100 m²(长 20 m、宽 5 m)。

二、布站区域概况

罗山县位于淮河之南,大别山之北,面积 2 077 km²,地势西南高、东北低,南部是弯月形的山地,中南部为丘陵,北部为淮河冲积平原,海拔 43~841 m。属北亚热带大陆型季风湿润气候,四季分明,雨量充足。全年日照时数 2 115.5 h,平均蒸发量 985 mm,无霜期 288 d,封冰期 97 d。地貌类型属浅山丘陵区,岩性主要为燕山晚期花岗侵入岩、风化片麻岩。主要土壤类型包括黄棕壤、水稻土。水土流失以水力侵蚀为主。

三、监测观测情况

(一)雨量观测

雨量观测采用自记雨量筒和翻斗式雨量计两种,全年进行监测。

(1)自记雨量筒观测:日分界点为上午 8 时,每月及时进行整编,及时交有关人员审核、整理。

(2)每次降雨后对翻斗式雨量传感器及雨量筒进行检查,及时清理和处理,保证雨量观测正常进行;每月采集 1 次自记降雨量数据,及时于下月初整理降雨量数据。

(二)径流观测与取样

(1)径流观测从降雨、产流开始至结束,确保及时准确记录起、止时间,每次产流结束后,及时读水尺水位、取浑水样;先读水尺水位,后将主集流池浑水搅匀后取水样,记录对号入座,并及时上交有关人员审核、整理。

(2)小区种植按照小区种植设计方案进行,按当地耕作习惯进行管理,保证植物正常生长。

第八节 小 结

河南从 1980 年起分别在罗山、南召、鲁山、嵩县、陕州、济源建立了 6 个水土流失监测站和土壤侵蚀试验观测站,自 1982 年开始观测降水、径流、泥沙和其他气象要素等指标,积累了 1982~1990 年、2012~2020 年的系列观测资料数据。

河南 6 个监(观)测站点系列资料整编共包含 18 个整编表格,数据包括逐日降水量、降水过程摘录、各时段最大降水量统计、逐次洪水降水量观测成果、逐次洪水水文要素摘录、逐次洪水测验成果、逐日平均悬移质输沙率、逐月径流量、输沙量年统计、径流小区冲刷特征值统计、气象场逐日陆上水面蒸发量、气象观测场逐日平均气温、气象观测场逐日最高和最低气温、气象观测场逐日最高和最低地温、气象观测场逐日平均地温、气象观测场逐日日照时数、气象观测场逐月风和风力风向频率统计、气象观测场逐日平均气压。总体整编资料内容完整,尤其是降雨和把口站径流泥沙数据较为齐全,但6站点监测资料均有不同程度的缺失。

第四章　研究方案及技术路线

一、研究内容与技术路线

(一)研究内容

本书依托研究课题"豫西矿区水土流失特点及防治措施体系研究"(河南省水利科技攻关计划项目 GG201720),以土壤侵蚀降雨侵蚀力因子 R、地形因子 LS(包括坡长因子 L、坡度因子 S)、土壤可蚀性因子 K、植被覆盖因子 C、水土保持措施因子 P 为研究对象,在土壤流失方程模型计算原理和土壤侵蚀因子定量化研究的基础上,根据河南水土流失监测和土壤侵蚀观测罗山站、南召站、鲁山站、嵩县站、陕州站、济源站雨量雨强、土壤侵蚀强度、坡度坡长、植被覆盖、水土保持措施类型,利用站点观测原始资料内容及记录时间序列,选择 R、LS、K、C、P 因子适用计算模型,进行河南土壤侵蚀因子时空变化特征分析。

(二)研究方法与技术路线

根据河南罗山万河站、南召新寺沟站、鲁山迎河站、嵩县胡沟站、陕州金水河站、济源虎岭站 6 个水土流失监测与土壤侵蚀观测站点建站基本特征,站点所处区域特点,以及站点实测系列资料数据属性,运用土壤侵蚀原理、水土保持学、地理学等学科理论知识和试验观测、系统分析、侵蚀模型等方法,基于USLE、CSLE、RUSLE、LM 和 LG 等土壤流失方程模型原理和已有经验模型,选择 R、LS、K、C、P 定量化计算适用模型,对土壤侵蚀因子进行定量化计算和衍生计算,利用系统分析方法对河南土壤侵蚀因子特征进行时空变化分析,为攫取站点观测原始数据利用价值、省域水土流失动态监测和水土保持综合治理与生态环境保护提供科学依据和技术支撑。研究技术路线见图 4-1。

二、研究可行性

(一)研究重难点及解决办法

1. 土壤侵蚀因子量化模型筛选

土壤侵蚀因子量化模型是因子定量化的关键,因此因子量化模型筛选是本书研究的关键技术重难点。

通过查阅分析国内外学者在不同区域、选择不同因子参数建立的众多土

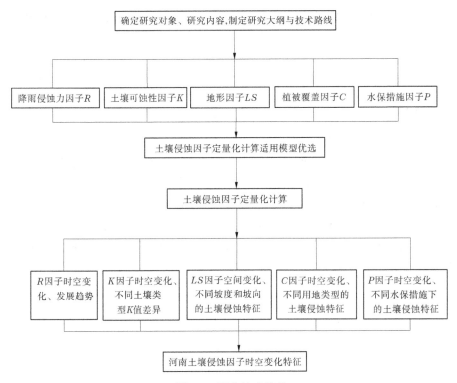

图 4-1　研究技术路线

壤侵蚀模型和侵蚀因子量化模型,根据河南罗山万河站、南召新寺沟站、鲁山迎河站、嵩县胡沟站、陕州金水河站、济源虎岭站 6 个站点建站条件、自然概况、土壤侵蚀与水土流失特点、实测资料数据属性及系列内容,筛选相适应的侵蚀因子量化模型,直接利用监测站点实测数据及其衍生计算数据进行侵蚀因子定量化。

2.监测站点实测系列数据衍生计算

土壤侵蚀因子量化模型计算参数较多,监测站点实测数据需进行衍生计算才能满足因子定量化计算,因此监测站点实测数据衍生计算是本书研究的另一关键技术重难点。

通过监测站点实测原始数据统计,根据筛选侵蚀因子量化模型计算的参数,分析参数的物理内涵与数学意义,对实测数据进行衍生计算,获得基于站点观测资料数据的土壤侵蚀因子量化特征值,进一步分析土壤侵蚀因子时空变化特征。

(二) 可行性

河南 6 个水土保持监测和土壤侵蚀试验观测站点从 20 世纪 80 年代开始科学观测，积累了丰富的实测资料，同时各站点还有翔实的地理、地质、地貌、土壤、土地、植被等成果资料，为本书研究开展提供了资料数据基础。土壤侵蚀因子定量化计算和衍生计算有众多基于 USLE、CSLE、RUSLE、LM 和 LG 等土壤流失方程模型原理的经验模型，R、LS、K、C、P 因子定量化计算研究成果丰富，国内外学者针对区域土壤侵蚀因子已建立了较为完善的土壤侵蚀因子模型，有多种量化适用模型可供本研究选择。

研究方案主要对研究的站点实测数据来源、处理、应用进行概括梳理，制定研究技术路线，提出土壤侵蚀因子量化模型筛选及监测站点实测系列资料数据衍生计算，既是本书的重难点又是创新点，研究结果能够有效发掘攫取河南 6 个水土流失监测和土壤侵蚀试验观测站点实测原始数据价值，为省域水土流失动态监测和水土保持综合治理及生态环境保护提供科学依据和技术支撑。

第五章　河南土壤侵蚀因子
计算适用模型

　　土壤侵蚀会造成土地退化、养分流失、河道淤积等系列生态问题[83]，2019年9月，黄河流域生态保护和高质量发展被列为重大国家战略，水土流失与土壤侵蚀相关研究是生态保护的重要组成部分。随着土壤侵蚀研究标准化和水土流失监测手段发展，土壤侵蚀定量化、空间化研究发展迅速[84-85]。开展土壤侵蚀因子评估及时空变化分析是实现区域水土保持措施布设、江河湖库泥沙治理及相关生态文明建设工程布局的前提和基础[86-88]。开展河南土壤侵蚀因子定量评价，分析其时空变化特征，有利于提高河南土壤侵蚀与水土流失理论研究及水土保持综合治理与信息化水平，实现区域高质量发展。

第一节　降雨侵蚀力因子(R)计算适用模型

　　采用卜兆宏等[89]提出的新算法：

$$R = 2.179P_f I_{30B} - 3.268 I_{30B}$$

式中　P_f——汛期降雨总量，mm；

　　　I_{30B}——该区代表站的连续 30 min 最大雨强的年代表值，cm/h；

　　　R——降雨侵蚀力因子，MJ·mm/(hm²·h·a)。

　　据《河南省实施〈中华人民共和国防洪法〉办法》，河南每年5月15日至9月30日为汛期。

　　降雨侵蚀力(Rainfall erosivity)在USLE模型中表征由降雨引起的土壤侵蚀潜在能力，是降雨的物理函数[90]。R值的经典算法即次降雨动能(E)和30 min最大降雨强度(I_{30B})的乘积，即用EI_{30B}来表示，在全球各区域得到了广泛应用[91-92]。该模型需获取次降雨详细数据，因此学者们相继进行深入研究，提出了诸多降雨侵蚀力的简易算法[93-94]。简易算法主要分为动能雨强模型(EI)、雨量雨强模型(PI)、雨量模型(P)三种结构形式，多具有较强的地域性[95]。

　　卜兆宏在研究了中国南北方相关水土保持监测站点近千套径流小区实测

数据的基础上发现:①降雨量与侵蚀动能有极高的相关性;②汛期雨量、年雨量与土壤流失量有较高相关性;③用 I_{30B} 可将年降雨总动能转化为年降雨侵蚀力 R。由此建立了 R 值的简易算法,即基于侵蚀性降雨量与其动能之间普遍存在的高度相关性,以及汛期雨量与 30 min 最大雨强 I_{30B} 与土壤流失量具有较高相关性的原则上建立的。

采取新算法计算 R 值时,关键是准确划分汛期、非汛期降雨总量及降雨的 30 min 最大雨强 I_{30B} 值。采用 5 月 15 日至 9 月 30 日降雨量之和作为该年汛期降雨量,同时留取降雨的 10 min 最大雨强 I_{10B} 值、20 min 最大雨强 I_{20B} 值、60 min 最大雨强 I_{60B} 值以做比较参考。胡续礼等[96-97]基于降雨侵蚀力经典算法,整理分析了 392 次降雨过程资料,得到逐年降雨侵蚀力值,并对卜兆宏的年降雨侵蚀力模型的适用性和准确度进行论证,研究结果表明卜氏算法与经典算法的结果值存在较高一致性,一致率高达 90.1%,模型有效系数为0.98,相对误差为 0.03,说明此算法具有较强的适用性,在中国水蚀地区有很好的应用前景。

第二节　土壤可蚀性因子(K)计算适用模型

根据 USLE 方程构建原理和土壤可蚀性因子 K 的定义计算:
$$K = A/R$$
式中　 A ——标准小区土壤侵蚀量,t/hm^2;

　　　 R ——降雨侵蚀力因子,$MJ \cdot mm/(hm^2 \cdot h \cdot a)$;

　　　 K ——土壤可蚀性因子,$(t \cdot hm^2 \cdot h)/(hm^2 \cdot MJ \cdot mm)$。

影响土壤可蚀性的因素:一是土壤内在性质,包括土壤类型、质地、有机质、含水量等;二是土壤状态,包括地形、地貌、土壤容重、土壤团聚体等。在 K 因子的研究中,不同学者通过小区观测、仪器测定、土壤理化性质测定、数学模型图解等研究方法,相应提出了用于土壤可蚀性因子量化的不同指标模型。

USLE 中土壤可蚀性因子 K 是标准小区上单位降雨侵蚀力 R 所引起的土壤流失量。中国的土壤可蚀性因子 K 值较美国而言普遍偏小,直接使用国外可蚀性模型对我国 K 值进行计算,会导致结果明显大于实测值。因此,进行径流小区试验观测,开展基于实测数据和土壤流失量的土壤可蚀性因子 K 研究更符合中国实际。

张科利等[98]在分析径流小区降雨资料中发现,降雨特性对土壤可蚀性指标值的影响较大,雨强或雨型的不同都会引起土壤可蚀性指标值的变化;加上耕作措施的影响,在相同的降雨条件下,季节的不同也会引起 K 值的变化。以上研究结果表明,把单位面积上降雨侵蚀力所引起的土壤流失量作为土壤可蚀性因子的计算指标,才能更真实地表现中国陡坡条件下土壤性质差异对侵蚀产生的影响。

第三节　地形因子(LS)计算适用模型

根据 CSLE 方程构建原理,采用刘宝元等[53]提出的 LS 公式:

$$S = 10.8\sin\theta + 0.03 \quad (\theta \leqslant 5°)$$
$$S = 16.8\sin\theta - 0.5 \quad (5° < \theta \leqslant 10°)$$
$$S = 21.91\sin\theta - 0.96 \quad (\theta > 10°)$$
$$L = \left(\frac{\lambda}{22.13}\right)^m$$

式中　θ——坡度,(°);

　　　λ——垂直投影坡长,m;

　　　m——坡长指数,m 取值随坡度发生变化:$\theta \leqslant 1°$ 时 $m = 0.2$,$1° < \theta \leqslant 3°$ 时 $m = 0.3$,$3° < \theta \leqslant 5°$ 时 $m = 0.4$,$\theta > 5°$ 时 $m = 0.5$;

　　　L、S——地形因子,无量纲。

坡长通过影响坡面径流、泥沙输移和侵蚀形态的变化,从而影响坡面水流的能量变化及径流泥沙的运移规律。为加强不同地区研究数据及土壤侵蚀情况的可比性,刘宝元等[53]将试验站径流小区的土壤流失量均标准化到 USLE 和 RUSLE 规定的标准小区坡长上,在每个站点首先进行土壤流失量与坡长的回归分析,再将各站点不同坡长条件下土壤流失量统一标准化到标准小区上,并与坡长进行回归分析,得到回归方程即坡长因子公式。坡度是地貌形态的重要组成因子,影响土壤侵蚀的发生发展过程。刘宝元等基于水土保持观测站监测数据与坡面径流小区实测资料,分析陡坡条件下坡度与土壤流失量的相关关系,建立了适用于中国陡坡的坡度因子公式。

坡度因子 S 和坡长因子 L 代表地形地貌特征对土壤侵蚀的影响,合称为地形因子 LS,通常为侵蚀动力的加速因子。河南 6 个站点径流小区布设坡度在 $10° \sim 31°$,多为陡坡,刘宝元等基于 CSLE 陡坡地形因子 LS 计算公式具有很好的适用性。

第四节　植被覆盖因子(C)计算适用模型

采用卜兆宏的 C 因子计算公式,该算法利用实测数据与植被覆盖因子 C 值和植被覆盖度 c 的相关分析而建立:

$$C = 0.450 - 0.007\,86c$$

式中　c——年均植被覆盖度(%);

　　　C——植被覆盖因子,无量纲。

植被是连接土壤、水分与自然环境的关键因素,也是水土流失防治的重要环节[99]。在过去研究 C 因子算式时,往往认为与其他因子相同而忽视,直接采用流失量与坡度进行相关分析。实际上,即使规整坡面相同耕作的不同坡度小区,往往也存在着因作物长势差异而导致 C 值的变化,质地和坡长不同也会引起土壤可蚀性因子 K 值差异和坡长因子 L 值的差异,不同地域还存在降雨侵蚀力因子 R 值差异。卜兆宏的植被覆盖因子 C 计算公式采用单因子相关分析法,在对实测数据进行处理的基础上建立。首先在求得 R、K、L 因子值后,通过已知 C 值的裸地流失量(A)与每个标准小区由坡度引起的流失量(A_s)之间的相关分析,建立两者关系式,将关系式转化为坡度因子计算公式;然后利用坡度因子计算公式计算出植被覆盖小区的坡度因子 S 值,从而反算出 C 值;最终通过 C 值和植被覆盖度的相关分析,建立起 C 因子计算公式。

卜兆宏基于大量的径流小区实测数据,通过 C 值与植被覆盖度的相关分析,建立起植被覆盖因子 C 模型,C 值量化分析的平均精度为 77.4% ~ 82.1%,多数能达到 80% 以上[64]。

第五节　水土保持措施因子(P)计算适用模型

采用 RUSLE 模型中水土保持措施因子 P 计算公式如下:

$$P = A_p/A$$

式中　A——无水土保持措施小区的土壤流失率,t/hm²;

　　　A_p——有水土保持措施小区的土壤流失率,t/hm²;

　　　P——水土保持措施因子,无量纲。

水土保持措施对水土流失起到抑制作用,能够反映出水土保持措施实施前后土壤侵蚀状况的差异。本书研究的水土保持措施因子 P 值由径流小区实测法获取。P 值为 0 代表水土保持措施防治效果很好,基本不发生土壤侵蚀;P 值为 1 代表未采取任何水土保持措施,防治效果很差,侵蚀程度剧烈。

RUSLE 模型中 P 值的确定一是通过径流小区和小流域试验资料分析,另外则是根据土壤侵蚀模型计算[27]。采用上式计算水土保持措施因子 P 值时,均标准化到坡度 15°、垂直投影坡长 20 m、宽度 5 m 的标准小区上。

第六节　土壤侵蚀模数计算适用模型

土壤侵蚀模数是单位时段(a)内单位垂直投影面积(km^2)上的土壤侵蚀总量(t)。根据通用土壤流失方程(USLE),土壤侵蚀模数计算模型如下:

$$A = R \cdot K \cdot L \cdot S \cdot C \cdot P$$

式中　A——平均土壤侵蚀模数,$t/(hm^2 \cdot a)$;

　　　R——降雨侵蚀力因子,$MJ \cdot mm/(hm^2 \cdot h \cdot a)$;

　　　K——土壤可蚀性因子,$(t \cdot hm^2 \cdot h)/(hm^2 \cdot MJ \cdot mm)$;

　　　L、S——坡长因子与坡度因子,无量纲;

　　　C——植被覆盖因子,无量纲;

　　　P——水土保持措施因子,无量纲。

在河南土壤侵蚀因子量化计算基础上进行土壤侵蚀模数计算,以进一步分析土壤侵蚀因子的变化特征和影响机制。

第七节　小　结

(1)降雨侵蚀力因子 R 计算选取卜兆宏提出的 R 值新算法,关键是准确划分汛期、非汛期降雨总量及降雨的 30 min 最大雨强 I_{30B} 值。

(2)土壤可蚀性因子 K 根据 USLE 方程构建原理和土壤可蚀性因子的定义计算,将单位面积上降雨侵蚀力所引起的土壤流失量作为土壤可蚀性因子计算指标,更符合中国陡坡条件下土壤性质差异对侵蚀产生的影响。

(3)地形因子 LS 根据 CSLE 的构建原理,采用刘宝元等提出的陡坡 LS 公式进行计算,LS 无量纲。河南 6 个站点径流小区布设坡度在 10°~31°,采用 LS 计算公式具有很好的适用性。

（4）植被覆盖因子 C 采用卜兆宏利用实测数据对植被覆盖因子 C 值与植被覆盖度的相关分析建立起 C 因子计算公式，C 无量纲。

（5）水土保持措施因子 P 采用修正通用土壤流失方程 RUSLE 中的 P 计算公式，P 因子反映水土保持措施实施后土壤侵蚀的变化，P 无量纲。

第六章　降雨侵蚀力因子 R 特征

降雨侵蚀力因子 R 是 USLE、RUSLE、CSLE 等土壤流失方程中的基本因子。R 值常用降雨参数模型来计算,降雨量、降雨历时、降雨强度等降雨特征参数被认为与土壤侵蚀的关系最为密切。研究降雨侵蚀力因子 R 是开展土壤侵蚀定量研究的一项基础性工作,提高 R 模型精度对科学预报水土流失具有重要的意义。

第一节　河南降雨侵蚀力因子 R 空间分布

计算河南降雨侵蚀力利用 6 个水土保持监测和土壤侵蚀试验站点 1982~1990 年、2012~2020 年总计 18 年的降雨实测资料;河南按 R 值大小可分为高值区[大于 330 MJ · mm/(hm^2 · h · a)]、中值区[240~330 MJ · mm/(hm^2 · h · a)]、低值区[小于 240 MJ · mm/(hm^2 · h · a)]。

一、多年平均降雨侵蚀力因子 R 空间分布

采用卜兆宏 R 值新算法,基于汛期年雨量和 30 min 最大雨强计算河南 6 个站点多年平均降雨侵蚀力因子 R 值,见表 6-1、图 6-1。

表 6-1　河南不同地区多年平均降雨侵蚀力因子

监测站点	年均汛期 降雨量/mm	年均降雨侵蚀力因子/ [MJ · mm/(hm^2 · h · a)]
罗山站	754.56	370.48
南召站	664.64	403.71
鲁山站	517.58	244.59
嵩县站	429.81	221.40
陕州站	419.42	186.22
济源站	547.33	261.86
平均值	555.56	281.38

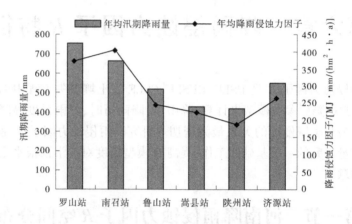

图 6-1　河南不同地区多年平均降雨侵蚀力因子分布折线图

由表 6-1 可以看出,河南降雨侵蚀力因子 R 值空间分布不均,R 值为 186.22~403.71 MJ·mm/(hm^2·h·a),平均值为 281.38 MJ·mm/(hm^2·h·a)。R 值大于 330 MJ·mm/(hm^2·h·a)的高值区分布在南召站、罗山站,R 值在 240~330 MJ·mm/(hm^2·h·a)的中值区分布在济源站、鲁山站,R 值小于 240 MJ·mm/(hm^2·h·a)的低值区分布在嵩县站、陕州站。R 最大值出现在南召站,达到 403.71 MJ·mm/(hm^2·h·a);R 最小值出现在陕州站,为 186.22 MJ·mm/(hm^2·h·a)。

由图 6-1 可以看出,河南多年平均降雨侵蚀力 R 值南召站>罗山站>济源站>鲁山站>嵩县站>陕州站,自东南向西北降雨侵蚀力 R 值逐渐减小,与东南部受季风影响较强有关。降雨侵蚀力较高的地方是土壤侵蚀比较敏感的地区,应重视降雨侵蚀力高值区的水土流失监督预警及防治措施,兼顾坡耕地及生产建设项目的水土流失防治。

二、逐年降雨侵蚀力因子 R 因子空间分布

采用卜兆宏降雨侵蚀力因子 R 值新算法,计算河南 6 个站点 1982~1990 年、2012~2020 年逐年降雨侵蚀力因子 R 值,结果见表 6-2~表 6-19、图 6-2~图 6-19。

表6-2　河南1982年降雨侵蚀力因子空间分布

监测站点	汛期降雨量/mm	30 min 最大雨强/ (cm/h)	降雨侵蚀力因子/ [MJ·mm/(hm²·h·a)]
罗山站	1 360.00	3.89	676.42
南召站	849.90	2.80	304.07
鲁山站	992.80	3.20	406.04
嵩县站	504.35	3.25	209.19
陕州站	487.40	3.20	199.03
济源站	847.40	2.30	249.03
平均值	840.31	3.11	340.63

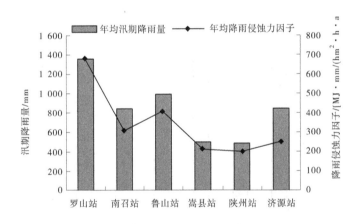

图6-2　河南1982年降雨侵蚀力因子空间分布折线图

由表6-2、图6-2可以看出,1982年河南6个站点降雨侵蚀力因子 R 值在199.03~676.42 MJ·mm/(hm²·h·a),平均值为340.63 MJ·mm/(hm²·h·a)。R 高值区分布在罗山站、鲁山站,R 中值区分布在南召站、济源站,R 低值区分布在嵩县站、陕州站。降雨侵蚀力因子 R 最大值出现在罗山站,达到676.42 MJ·mm/(hm²·h·a);降雨侵蚀力因子 R 最小值出现在陕州站,为199.03 MJ·mm/(hm²·h·a)。1982年降雨侵蚀力因子 R 自东南向西北逐渐减小。

表 6-3　河南 1983 年降雨侵蚀力因子空间分布

监测站点	汛期降雨量/mm	30 min 最大雨强/(cm/h)	降雨侵蚀力因子/[MJ·mm/(hm²·h·a)]
罗山站	921.10	2.14	251.90
南召站	552.80	3.20	225.81
鲁山站	967.20	2.60	321.39
嵩县站	528.20	3.30	222.48
陕州站	463.40	2.50	147.81
济源站	673.40	3.23	277.79
平均值	684.35	2.83	241.20

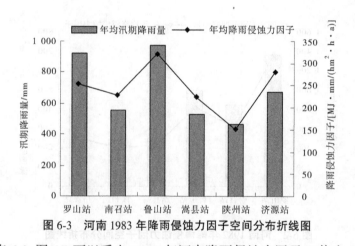

图 6-3　河南 1983 年降雨侵蚀力因子空间分布折线图

由表 6-3、图 6-3 可以看出,1983 年河南降雨侵蚀力因子 R 值在 147.81~321.39 MJ·mm/(hm²·h·a),平均值为 241.20 MJ·mm/(hm²·h·a)。R 中值区分布在罗山站、鲁山站、济源站,R 低值区分布在南召站、嵩县站、陕州站,不存在降雨侵蚀力因子 R 高值区。降雨侵蚀力因子 R 最大值出现在鲁山站,达到 321.39 MJ·mm/(hm²·h·a);降雨侵蚀力因子 R 最小值出现在陕州站,为 147.81 MJ·mm/(hm²·h·a)。1983 年降雨侵蚀力因子 R 以鲁山站为高值中心向四周减弱。

表 6-4　河南 1984 年降雨侵蚀力因子空间分布

监测站点	汛期降雨量/mm	30 min 最大雨强/ （cm/h）	降雨侵蚀力因子/ $[MJ \cdot mm/(hm^2 \cdot h \cdot a)]$
罗山站	690.00	2.24	197.41
南召站	849.90	4.84	525.60
鲁山站	799.10	2.94	300.15
嵩县站	677.40	2.30	198.99
陕州站	673.60	4.10	352.72
济源站	689.60	3.42	301.22
平均值	729.93	3.31	312.68

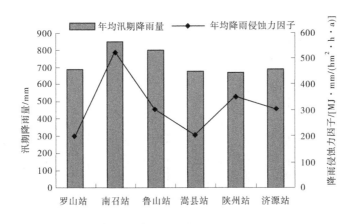

图 6-4　河南 1984 年降雨侵蚀力因子空间分布折线图

由表 6-4、图 6-4 可以看出,1984 年河南降雨侵蚀力因子 *R* 值在 197.41~525.60 MJ·mm/(hm² · h · a),平均值为 312.68 MJ·mm/(hm² · h · a)。*R* 高值区分布在南召站、陕州站,*R* 中值区分布在鲁山站、济源站,*R* 低值区分布在嵩县站、罗山站。降雨侵蚀力因子 *R* 最大值出现在南召站,达到 525.60 MJ·mm/(hm² · h · a);降雨侵蚀力因子 *R* 最小值出现在罗山站,为 197.41 MJ·mm/(hm² · h · a)。1984 年降雨侵蚀力因子 *R* 以南召站为高值中心向四周减弱。

表 6-5　河南 1985 年降雨侵蚀力因子空间分布

监测站点	汛期降雨量/mm	30 min 最大雨强/ (cm/h)	降雨侵蚀力因子/ [MJ·mm/(hm²·h·a)]
罗山站	850.00	4.88	530.01
南召站	632.90	4.89	395.21
鲁山站	414.10	1.74	91.89
嵩县站	480.50	3.20	196.20
陕州站	455.00	3.08	178.79
济源站	489.00	2.73	170.35
平均值	553.58	3.42	260.41

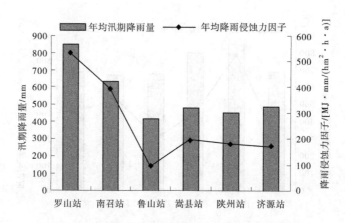

图 6-5　河南 1985 年降雨侵蚀力因子空间分布折线图

　　由表 6-5、图 6-5 可以看出,1985 年河南降雨侵蚀力因子 R 值在 91.89 ~ 530.01 MJ·mm/(hm²·h·a),平均值为 260.41 MJ·mm/(hm²·h·a)。R 高值区分布在南召站、罗山站,R 低值区分布在鲁山站、嵩县站、陕州站、济源站,不存在 R 中值区。降雨侵蚀力因子 R 最大值出现在罗山站,达到 530.01 MJ·mm/(hm²·h·a);R 最小值出现在鲁山站,为 91.89 MJ·mm/(hm²·h·a)。1985 年降雨侵蚀力因子 R 自东南向西北逐渐减小。

表 6-6　河南 1986 年降雨侵蚀力因子空间分布

监测站点	汛期降雨量/mm	30 min 最大雨强/ （cm/h）	降雨侵蚀力因子/ [MJ·mm/(hm²·h·a)]
罗山站	834.50	3.14	334.80
南召站	654.80	3.58	299.37
鲁山站	434.00	3.57	197.64
嵩县站	247.00	2.80	87.99
陕州站	360.10	1.54	70.69
济源站	297.60	1.22	46.24
平均值	471.33	2.64	172.79

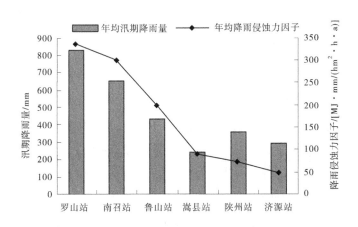

图 6-6　河南 1986 年降雨侵蚀力因子空间分布折线图

由表 6-6、图 6-6 可以看出,1986 年河南降雨侵蚀力因子 R 值在 46.24~334.80 MJ·mm/(hm²·h·a),平均值为 172.79 MJ·mm/(hm²·h·a)。R 高值区分布在罗山站,R 中值区分布在南召站,R 低值区分布在鲁山站、济源站、嵩县站、陕州。降雨侵蚀力因子 R 最大值出现在罗山站,达到 334.80 MJ·mm/(hm²·h·a);降雨侵蚀力因子 R 最小值出现在济源站,为 46.24 MJ·mm/(hm²·h·a)。1986 年降雨侵蚀力因子 R 自东南向西北逐渐减小。

表 6-7　河南 1987 年降雨侵蚀力因子空间分布

监测站点	汛期降雨量/mm	30 min 最大雨强/ （cm/h）	降雨侵蚀力因子/ ［MJ·mm/（hm² · h · a）］
罗山站	1 230.30	3.98	626.00
南召站	613.10	2.98	233.29
鲁山站	467.20	2.00	119.22
嵩县站	348.00	2.75	121.97
陕州站	469.80	2.09	125.28
济源站	536.70	2.45	167.84
平均值	610.85	2.71	232.27

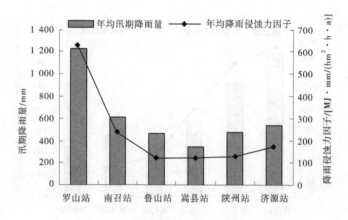

图 6-7　河南 1987 年降雨侵蚀力因子空间分布折线图

由表 6-7、图 6-7 可以看出,1987 年河南降雨侵蚀力因子 R 值在 119.22 ~ 626.00 MJ·mm/（hm² · h · a）,平均值为 232.27 MJ·mm/（hm² · h · a）。R 高值区分布在罗山站,R 低值区分布在南召站、陕州站、嵩县站、鲁山站、济源站,不存在降雨侵蚀力因子 R 中值区。降雨侵蚀力因子 R 最大值出现在罗山站,达到 626.00 MJ·mm/（hm² · h · a）;降雨侵蚀力因子 R 最小值出现在鲁山站,为 119.22 MJ·mm/（hm² · h · a）。1987 年降雨侵蚀力因子 R 自东南向西北逐渐减小。

表 6-8　河南 1988 年降雨侵蚀力因子空间分布

监测站点	汛期降雨量/mm	30 min 最大雨强/ （cm/h）	降雨侵蚀力因子/ [MJ·mm/(hm²·h·a)]
罗山站	550.70	2.35	165.20
南召站	764.20	3.93	383.67
鲁山站	602.20	4.36	335.24
嵩县站	507.50	3.62	234.46
陕州站	362.90	1.30	60.14
济源站	649.20	3.09	256.18
平均值	572.78	3.11	239.15

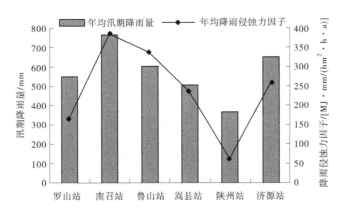

图 6-8　河南 1988 年降雨侵蚀力因子空间分布折线图

　　由表 6-8、图 6-8 可以看出,1988 年河南降雨侵蚀力因子 R 值在 60.14~
383.67 MJ·mm/(hm²·h·a),平均值为 239.15 MJ·mm/(hm²·h·a)。R
高值区分布在南召站、鲁山站,R 中值区分布在济源站,R 低值区分布在嵩县
站、罗山站、陕州站。降雨侵蚀力因子 R 最大值出现在南召站,达到 383.67
MJ·mm/(hm²·h·a);降雨侵蚀力因子 R 最小值出现在陕州站,为 60.14
MJ·mm/(hm²·h·a)。1988 年降雨侵蚀力因子 R 自东南向西北逐渐减小。

表 6-9　河南 1989 年降雨侵蚀力因子空间分布

监测站点	汛期降雨量/mm	30 min 最大雨强/（cm/h）	降雨侵蚀力因子/ $[MJ \cdot mm/(hm^2 \cdot h \cdot a)]$
罗山站	713.90	1.85	168.70
南召站	771.20	1.93	190.15
鲁山站	376.00	2.16	103.54
嵩县站	510.20	3.48	226.60
陕州站	350.30	2.53	112.96
济源站	526.40	3.71	249.27
平均值	541.33	2.61	175.20

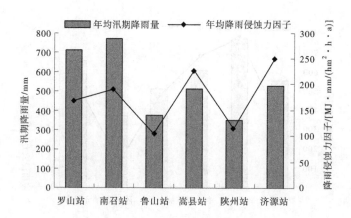

图 6-9　河南 1989 年降雨侵蚀力因子空间分布折线图

由表 6-9、图 6-9 可以看出,1989 年河南降雨侵蚀力因子 R 值在 103.54～249.27 $MJ \cdot mm/(hm^2 \cdot h \cdot a)$,平均值为 175.20 $MJ \cdot mm/(hm^2 \cdot h \cdot a)$。$R$ 中值区分布在济源站,R 低值区分布在南召站、陕州站、鲁山站、嵩县站、罗山站,不存在降雨侵蚀力因子 R 高值区。降雨侵蚀力因子 R 最大值出现在济源站,达到 249.27 $MJ \cdot mm/(hm^2 \cdot h \cdot a)$;降雨侵蚀力因子 R 最小值出现在鲁山站,为 103.54 $MJ \cdot mm/(hm^2 \cdot h \cdot a)$。1989 年降雨侵蚀力因子 R 以济源站为高值中心向四周减弱。

表 6-10　河南 1990 年降雨侵蚀力因子空间分布

监测站点	汛期降雨量/mm	30 min 最大雨强/ (cm/h)	降雨侵蚀力因子/ [MJ·mm/(hm²·h·a)]
罗山站	679.80	2.95	256.13
南召站	795.20	3.12	316.97
鲁山站	578.10	3.62	267.17
嵩县站	398.00	2.61	132.46
陕州站	427.70	3.70	201.85
济源站	655.70	5.05	422.88
平均值	589.08	3.51	266.24

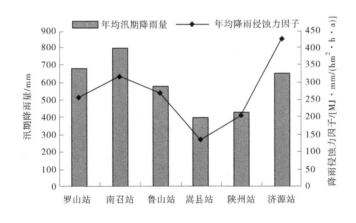

图 6-10　河南 1990 年降雨侵蚀力因子空间分布折线图

由表 6-10、图 6-10 可以看出,1990 年河南降雨侵蚀力因子 R 值在 132.46~422.88 MJ·mm/(hm²·h·a),平均值为 266.24 MJ·mm/(hm²·h·a)。R 高值区分布在济源站,R 中值区分布在鲁山站、南召站、罗山站,R 低值区分布在嵩县站、陕州站。降雨侵蚀力因子 R 最大值出现在济源站,达到 422.88 MJ·mm/(hm²·h·a);降雨侵蚀力因子 R 最小值出现在嵩县站,为 132.46 MJ·mm/(hm²·h·a)。1990 年降雨侵蚀力因子 R 以济源站为高值中心向四周减弱。

表 6-11　河南 2012 年降雨侵蚀力因子空间分布

监测站点	汛期降雨量/mm	30 min 最大雨强/ （cm/h）	降雨侵蚀力因子/ [MJ·mm/(hm²·h·a)]
罗山站	597.80	1.20	91.59
南召站	755.50	3.65	352.27
鲁山站	207.50	2.34	61.70
嵩县站	324.50	4.50	186.05
陕州站	455.20	2.90	168.41
济源站	564.00	3.64	262.08
平均值	484.08	3.04	187.02

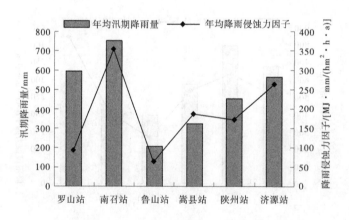

图 6-11　河南 2012 年降雨侵蚀力因子空间分布折线图

由表 6-11、图 6-11 可以看出，2012 年河南降雨侵蚀力因子 R 值在 61.70~352.27 MJ·mm/(hm²·h·a)，平均值为 187.02 MJ·mm/(hm²·h·a)。R 高值区分布在南召站，R 中值区分布在济源站，R 低值区分布在鲁山站、罗山站、嵩县站、陕州站。降雨侵蚀力因子 R 最大值出现在南召站，达到 352.27 MJ·mm/(hm²·h·a)；降雨侵蚀力因子 R 最小值出现在鲁山站，为 61.70 MJ·mm/(hm²·h·a)。2012 年降雨侵蚀力因子 R 自南向北逐渐减小。

表 6-12　河南 2013 年降雨侵蚀力因子空间分布

监测站点	汛期降雨量/mm	30 min 最大雨强/（cm/h）	降雨侵蚀力因子/$[MJ \cdot mm/(hm^2 \cdot h \cdot a)]$
罗山站	515.00	1.10	72.30
南召站	704.00	2.70	242.78
鲁山站	416.00	4.68	248.30
嵩县站	312.00	4.25	168.91
陕州站	335.00	3.40	145.14
济源站	398.10	3.19	161.94
平均值	446.68	3.22	173.23

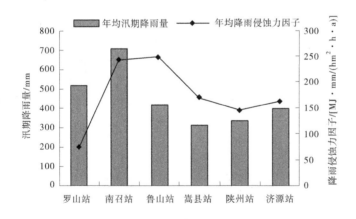

图 6-12　河南 2013 年降雨侵蚀力因子空间分布折线图

由表 6-12、图 6-12 可以看出，2013 年河南降雨侵蚀力 R 值在 72.30～248.30 MJ·mm/($hm^2 \cdot h \cdot a$)，平均值为 173.23 MJ·mm/($hm^2 \cdot h \cdot a$)。R 中值区分布在鲁山站、南召站，R 低值区分布在罗山站、嵩县站、陕州站、济源站，不存在降雨侵蚀力因子 R 高值区。降雨侵蚀力因子 R 最大值出现在鲁山站，达到 248.30 MJ·mm/($hm^2 \cdot h \cdot a$)；降雨侵蚀力因子 R 最小值出现在罗山站，为 72.30 MJ·mm/($hm^2 \cdot h \cdot a$)。2013 年降雨侵蚀力因子 R 自东南向西北逐渐减小。

表 6-13　河南 2014 年降雨侵蚀力因子空间分布

监测站点	汛期降雨量/mm	30 min 最大雨强/ （cm/h）	降雨侵蚀力因子/ [MJ·mm/（hm²·h·a）]
罗山站	515.00	3.22	211.78
南召站	408.50	3.80	197.97
鲁山站	372.30	3.10	147.13
嵩县站	426.50	1.70	92.48
陕州站	428.00	2.40	131.02
济源站	657.20	2.34	196.40
平均值	467.92	2.76	162.80

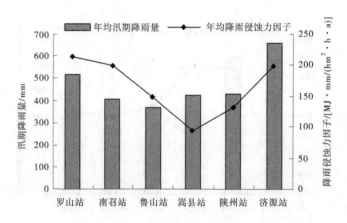

图 6-13　河南 2014 年降雨侵蚀力因子空间分布折线图

由表 6-13、图 6-13 可以看出,2014 年河南降雨侵蚀力因子 R 值在 92.48~ 211.78 MJ·mm/（hm²·h·a）,平均值为 162.80 MJ·mm/（hm²·h·a）。鲁 山站、陕州站、嵩县站、南召站、济源站、罗山站均为降雨侵蚀力因子 R 低值 区。降雨侵蚀力因子 R 最大值出现在罗山站,达到 211.78 MJ·mm/（hm²· h·a）;降雨侵蚀力因子 R 最小值出现在嵩县站,为 92.48 MJ·mm/（hm²· h·a）。2014 年降雨侵蚀力因子 R 自东南向西北逐渐减小。

表 6-14　河南 2015 年降雨侵蚀力因子空间分布

监测站点	汛期降雨量/mm	30 min 最大雨强/ （cm/h）	降雨侵蚀力因子/ ［MJ·mm/（hm²·h·a）］
罗山站	649.50	1.47	121.93
南召站	371.50	3.90	184.70
鲁山站	293.50	1.98	74.00
嵩县站	345.00	5.30	233.03
陕州站	310.50	2.60	102.84
济源站	371.10	1.85	87.52
平均值	390.18	2.85	134.00

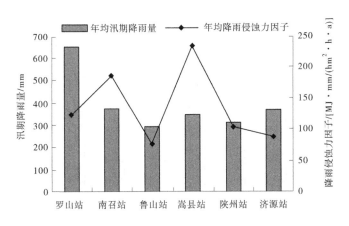

图 6-14　河南 2015 年降雨侵蚀力因子空间分布折线图

由表 6-14、图 6-14 可以看出，2015 年河南降雨侵蚀力因子 R 值在 74.00～
233.03 MJ·mm/（hm²·h·a），平均值为 134.00 MJ·mm/（hm²·h·a）。鲁
山站、陕州站、嵩县站、南召站、济源站、罗山站均为降雨侵蚀力 R 低值区。降
雨侵蚀力因子 R 最大值出现在嵩县站，达到 233.03 MJ·mm/（hm²·h·a）；
降雨侵蚀力因子 R 最小值出现在鲁山站，为 74.00 MJ·mm/（hm²·h·a）。
2015 年降雨侵蚀力因子 R 以嵩县站为高值中心向四周减弱。

表 6-15　河南 2016 年降雨侵蚀力因子空间分布

监测站点	汛期降雨量/mm	30 min 最大雨强/ （cm/h）	降雨侵蚀力因子/ [MJ·mm/（hm²·h·a）]
罗山站	657.50	4.33	363.58
南召站	585.00	11.10	829.04
鲁山站	629.50	7.50	602.88
嵩县站	476.50	7.60	462.08
陕州站	425.50	6.70	363.62
济源站	508.90	1.70	110.41
平均值	547.15	6.49	455.27

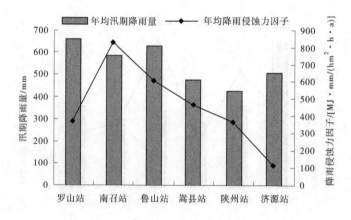

图 6-15　河南 2016 年降雨侵蚀力因子空间分布折线图

　　由表 6-15、图 6-15 可以看出，2016 年河南降雨侵蚀力因子 R 值在 110.41～829.04 MJ·mm/（hm²·h·a），平均值为 455.27 MJ·mm/（hm²·h·a）。R 高值区分布在鲁山站、南召站、罗山站、嵩县站、陕州站，R 低值区分布在济源站，不存在降雨侵蚀力因子 R 中值区。降雨侵蚀力因子 R 最大值出现在南召站，达到 829.04 MJ·mm/（hm²·h·a）；降雨侵蚀力因子 R 最小值出现在济源站，为 110.41 MJ·mm/（hm²·h·a）。2016 年降雨侵蚀力因子 R 自东南向西北逐渐减小。

表 6-16　河南 2017 年降雨侵蚀力因子空间分布

监测站点	汛期降雨量/mm	30 min 最大雨强/ (cm/h)	降雨侵蚀力因子/ [MJ·mm/(hm²·h·a)]
罗山站	917.00	8.06	944.03
南召站	714.50	8.50	775.74
鲁山站	538.00	6.02	413.41
嵩县站	496.00	6.90	436.74
陕州站	426.60	4.00	217.65
济源站	502.80	10.88	698.13
平均值	599.15	7.39	580.95

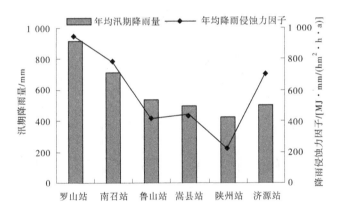

图 6-16　河南 2017 年降雨侵蚀力因子空间分布折线图

由表 6-16、图 6-16 可以看出,2017 年河南降雨侵蚀力因子 R 值在 217.65~944.03 MJ·mm/(hm²·h·a),平均值为 580.95 MJ·mm/(hm²·h·a)。R 高值区分布在鲁山站、南召站、罗山站、嵩县站、济源站,R 低值区分布在陕州站,不存在降雨侵蚀力因子 R 中值区。降雨侵蚀力因子 R 最大值出现在罗山站,达到 944.03 MJ·mm/(hm²·h·a);降雨侵蚀力因子 R 最小值出现在陕州站,为 217.65 MJ·mm/(hm²·h·a)。2017 年降雨侵蚀力因子 R 自东南向西北逐渐减小。

表 6-17　河南 2018 年降雨侵蚀力因子空间分布

监测站点	汛期降雨量/mm	30 min 最大雨强/ （cm/h）	降雨侵蚀力因子/ ［MJ·mm/（hm²·h·a）］
罗山站	435.00	6.45	357.62
南召站	590.50	5.40	407.12
鲁山站	410.50	5.40	282.70
嵩县站	439.50	6.04	338.74
陕州站	397.00	4.83	244.51
济源站	565.50	4.23	305.37
平均值	473.00	5.39	322.68

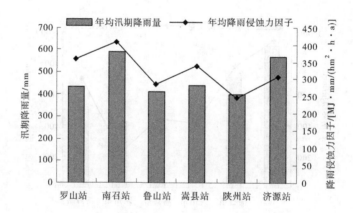

图 6-17　河南 2018 年降雨侵蚀力因子空间分布折线图

由表 6-17、图 6-17 可以看出，2018 年河南降雨侵蚀力因子 R 值在 244.51~407.12 MJ·mm/（hm²·h·a），平均值为 322.68 MJ·mm/（hm²·h·a）。R 高值区分布在南召站、罗山站、嵩县站，R 中值区分布在鲁山站、济源站、陕州站，不存在降雨侵蚀力因子 R 低值区。降雨侵蚀力因子 R 最大值出现在南召站，达到 407.12 MJ·mm/（hm²·h·a）；降雨侵蚀力因子 R 最小值出现在陕州站，为 244.51 MJ·mm/（hm²·h·a）。2018 年降雨侵蚀力因子 R 自东南向西北逐渐减小。

表 6-18 河南 2019 年降雨侵蚀力因子空间分布

监测站点	汛期降雨量/mm	30 min 最大雨强/(cm/h)	降雨侵蚀力因子/[MJ·mm/(hm²·h·a)]
罗山站	399.00	6.95	353.51
南召站	440.50	7.80	438.30
鲁山站	373.00	4.23	201.15
嵩县站	426.00	4.89	265.70
陕州站	336.00	7.05	301.85
济源站	553.80	7.90	558.49
平均值	421.38	6.47	353.17

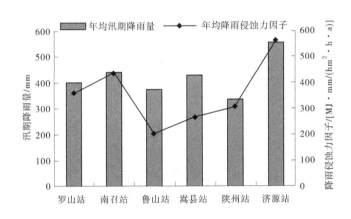

图 6-18 河南 2019 年降雨侵蚀力因子空间分布折线图

由表 6-18、图 6-18 可以看出, 2019 年河南降雨侵蚀力因子 R 值在 201.15~558.49 MJ·mm/(hm²·h·a), 平均值为 353.17 MJ·mm/(hm²·h·a)。R 高值区分布在南召站、罗山站、济源站, R 中值区分布在嵩县站、陕州站, R 低值区分布在鲁山站。降雨侵蚀力因子 R 最大值出现在济源站, 达到 558.49 MJ·mm/(hm²·h·a); 降雨侵蚀力因子 R 最小值出现在鲁山站, 为 201.15 MJ·mm/(hm²·h·a)。2019 年降雨侵蚀力因子 R 以济源站为高值中心向四周减弱。

表 6-19　河南 2020 年降雨侵蚀力因子空间分布

监测站点	汛期降雨量/ mm	30 min 最大雨强/ (cm/h)	降雨侵蚀力因子/ [MJ·mm/(hm²·h·a)]
罗山站	1 066.00	6.94	945.75
南召站	909.50	8.30	964.66
鲁山站	445.50	4.03	229.03
嵩县站	364.00	3.42	158.87
陕州站	385.50	4.63	227.57
济源站	365.50	4.13	192.43
平均值	589.33	5.24	453.05

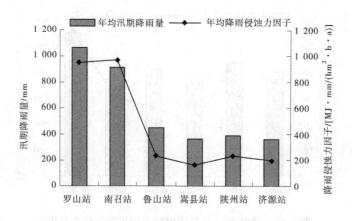

图 6-19　河南 2020 年降雨侵蚀力因子空间分布折线图

由表 6-19、图 6-19 可以看出,2020 年河南降雨侵蚀力因子 R 值在 158.87~964.66 MJ·mm/(hm²·h·a),平均值为 453.05 MJ·mm/(hm²·h·a)。R 高值区分布在南召站、罗山站,R 低值区分布在鲁山站、嵩县站、陕州站、济源站,不存在降雨侵蚀力因子 R 中值区。降雨侵蚀力因子 R 最大值出现在南召站,达到 964.66 MJ·mm/(hm²·h·a);降雨侵蚀力因子 R 最小值出现在嵩县站,为 158.87 MJ·mm/(hm²·h·a)。2020 年降雨侵蚀力因子 R 自东南向西北逐渐减小。

第二节　河南降雨侵蚀力因子 R 年际变化

利用河南 6 个水土流失监测与土壤侵蚀试验观测站点 1982~1990 年、2012~2020 年共 18 年间降雨实测资料,采用基于汛期年降雨量和 30 min 最大雨强的降雨侵蚀力因子计算方法,可计算得到相应降雨侵蚀力因子 R,见表 6-20~表 6-25、图 6-20~图 6-25。

表 6-20　罗山站降雨侵蚀力因子逐年变化

年份	1982	1983	1984	1985	1986	1987	1988
P_f	1 360.00	921.10	690.00	850.00	834.50	1 230.30	550.70
R	676.42	251.90	197.41	530.01	334.80	626.00	165.20
年份	1989	1990	2012	2013	2014	2015	2016
P_f	713.90	679.80	597.80	515.00	515.00	649.50	657.50
R	168.70	256.13	91.59	72.30	211.78	121.93	363.58
年份	2017	2018	2019	2020	P_f 平均	R 平均	
P_f	917.00	435.00	399.00	1 066.00	754.56		
R	944.03	357.62	353.51	945.75		370.48	

由表 6-20、图 6-20 可以看出,罗山站降雨侵蚀力因子 R 在 72.30~945.75 MJ·mm/(hm²·h·a),多年平均降雨侵蚀力因子 R 为 370.48 MJ·mm/(hm²·h·a),2015 年前降雨侵蚀力因子 R 总体呈减小趋势,2013 年达到最低值,2015 年后波动增大,降雨侵蚀力因子 R 总体呈增加趋势。

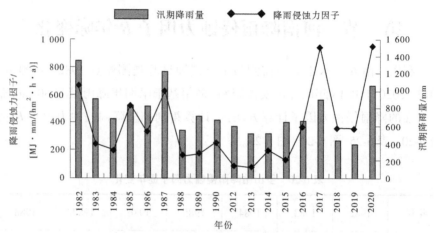

图 6-20　罗山站降雨侵蚀力因子逐年变化图

表 6-21　南召站降雨侵蚀力因子逐年变化

年份	1982	1983	1984	1985	1986	1987	1988
P_f	849.90	552.80	849.90	632.90	654.80	613.10	764.20
R	304.07	225.81	525.60	395.21	299.37	233.29	383.67
年份	1989	1990	2012	2013	2014	2015	2016
P_f	771.20	795.20	755.50	704.00	408.50	371.50	585.00
R	190.15	316.97	352.27	242.78	197.96	184.70	829.04
年份	2017	2018	2019	2020	P_f 平均	R 平均	
P_f	714.50	590.50	440.50	909.50	664.64		
R	775.74	407.12	438.30	964.66		403.71	

　　由表 6-21、图 6-21 可以看出,南召站降雨侵蚀力因子 R 在 184.70 ~ 964.66 MJ · mm/(hm² · h · a),多年平均降雨侵蚀力因子 R 为 403.71 MJ · mm/(hm² · h · a),2015 年前降雨侵蚀力因子 R 变化较为稳定,总体呈减小趋势;2015 年后波动增大,降雨侵蚀力因子 R 总体呈增加趋势。

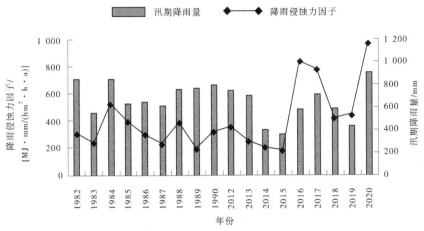

图 6-21　南召站降雨侵蚀力因子逐年变化图

表 6-22　鲁山站降雨侵蚀力因子逐年变化

年份	1982	1983	1984	1985	1986	1987	1988
P_f	992.80	967.20	799.10	414.10	434.00	467.20	602.20
R	406.04	321.38	300.15	91.89	197.64	119.22	335.24
年份	1989	1990	2012	2013	2014	2015	2016
P_f	376.00	578.10	207.50	416.00	372.30	293.50	629.50
R	103.54	267.17	61.70	248.30	147.13	74.00	602.88
年份	2017	2018	2019	2020	P_f 平均	R 平均	
P_f	538.00	410.50	373.00	445.50	517.58		
R	413.41	282.70	201.14	229.03		244.59	

由表 6-22、图 6-22 可以看出,鲁山站降雨侵蚀力因子 R 在 61.70~602.88 MJ·mm/(hm²·h·a),多年平均降雨侵蚀力因子 R 为 244.59 MJ·mm/(hm²·h·a),2015 年前降雨侵蚀力因子 R 总体呈减小趋势,2012 年最小;2015 年后波动增大,降雨侵蚀力因子 R 总体呈增加趋势,2016 年最大。

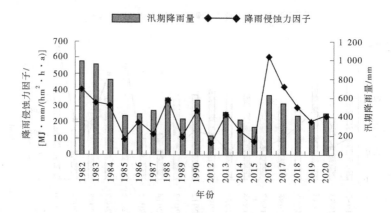

图 6-22　鲁山站降雨侵蚀力因子逐年变化图

由表 6-23、图 6-23 可以看出,嵩县站降雨侵蚀力因子 R 在 87.99~462.08 MJ·mm/(hm²·h·a),多年平均降雨侵蚀力因子 R 为 220.72 MJ·mm/(hm²·h·a),2014 年前降雨侵蚀力因子 R 变化较为稳定,总体呈减小趋势;2014 年后降雨侵蚀力因子 R 波动较大,2014~2016 年呈增加趋势,2016~2020 年呈减小趋势。

表 6-23　嵩县站降雨侵蚀力因子逐年变化

年份	1982	1983	1984	1985	1986	1987	1988
P_f	504.35	528.20	677.40	480.50	247.00	348.00	507.50
R	209.19	222.48	198.98	196.20	87.99	121.97	234.46
年份	1989	1990	2012	2013	2014	2015	2016
P_f	510.20	398.00	324.50	312.00	426.50	345.00	476.50
R	226.60	132.46	186.05	168.91	92.48	233.03	462.08
年份	2017	2018	2019	2020	P_f 平均	R 平均	
P_f	496.00	439.50	426.00	364.00	433.95		
R	436.74	338.74	265.70	158.87		220.72	

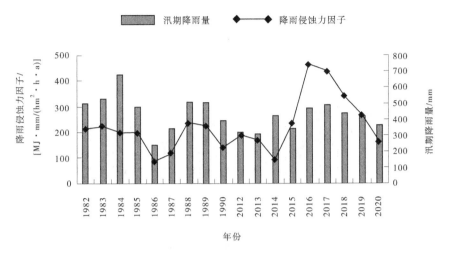

图 6-23　嵩县站降雨侵蚀力因子逐年变化图

表 6-24　陕州站降雨侵蚀力因子逐年变化

年份	1982	1983	1984	1985	1986	1987	1988
P_f	487.40	463.40	673.60	455.00	360.10	469.80	362.90
R	199.02	147.81	352.72	178.79	70.69	125.28	60.14
年份	1989	1990	2012	2013	2014	2015	2016
P_f	350.30	427.70	455.20	335.00	428.00	310.50	425.50
R	112.96	201.85	168.41	145.14	131.02	102.84	363.62
年份	2017	2018	2019	2020	P_f 平均	R 平均	
平均 P_f	426.60	397.00	336.00	385.50	419.42		
R	217.65	244.51	301.85	227.57		186.21	

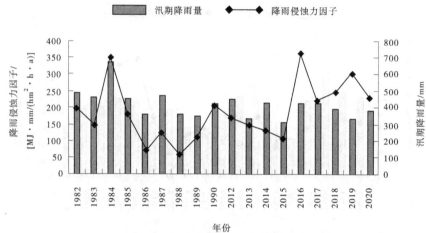

图 6-24　陕州站降雨侵蚀力因子逐年变化图

由表 6-24、图 6-24 可以看出,陕州站降雨侵蚀力因子 R 在 60.14~363.62 MJ·mm/(hm^2·h·a),多年平均降雨侵蚀力因子 R 为 186.21 MJ·mm/(hm^2·h·a),2015 年前降雨侵蚀力因子 R 总体呈减小趋势,2015 年后降雨侵蚀力因子 R 总体呈增加趋势。

表 6-25　济源站降雨侵蚀力因子逐年变化

年份	1982	1983	1984	1985	1986	1987	1988
P_f	847.40	673.40	689.60	489.00	297.60	536.70	649.20
R	249.03	277.79	301.22	170.35	46.24	167.84	256.18
年份	1989	1990	2012	2013	2014	2015	2016
P_f	526.40	655.70	564.00	398.10	657.20	371.10	508.90
R	249.26	422.87	262.08	161.94	196.40	87.52	110.41
年份	2017	2018	2019	2020	P_f 平均	R 平均	
P_f	502.80	565.50	553.80	365.50	547.33		
R	698.13	305.37	558.49	192.42		261.86	

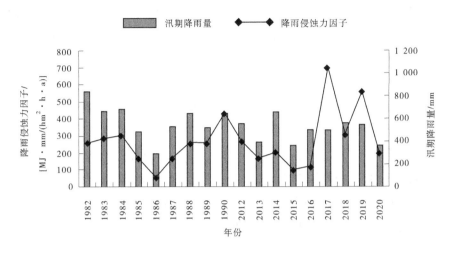

图 6-25　济源站降雨侵蚀力因子逐年变化图

由表 6-25、图 6-25 可以看出,济源站降雨侵蚀力因子 R 在 46.24~698.13 MJ·mm/(hm²·h·a),多年平均降雨侵蚀力因子 R 为 261.86 MJ·mm/(hm²·h·a),降雨侵蚀力因子 R 波动较大,1986 年前降雨侵蚀力因子 R 呈减小趋势,1986~1990 年呈增加趋势,1990~2016 年呈减小趋势,2017~2020 总体呈减小趋势。

综上,河南降雨侵蚀力因子 R 值变化与汛期降雨量变化有着较强的相关性,降雨侵蚀力因子年际差异较大。R 最大值集中分布在 2016 年和 2020 年,鲁山站、陕州站、嵩县站、南召站、济源站、罗山站,R 最大值分别达到 602.88 MJ·mm/(hm²·h·a)、363.62 MJ·mm/(hm²·h·a)、462.08 MJ·mm/(hm²·h·a)、964.66 MJ·mm/(hm²·h·a)、698.13 MJ·mm/(hm²·h·a)、945.75 MJ·mm/(hm²·h·a);R 最小值主要出现在 1986 年,6 站点 R 最小值分别为 61.70 MJ·mm/(hm²·h·a)、60.14 MJ·mm/(hm²·h·a)、87.99 MJ·mm/(hm²·h·a)、184.70 MJ·mm/(hm²·h·a)、46.24 MJ·mm/(hm²·h·a)、72.30 MJ·mm/(hm²·h·a),最大年降雨侵蚀力因子与最小年降雨侵蚀力因子的差值达到鲁山站 10 倍、陕州站 17 倍、嵩县站 19 倍、南召站 19 倍、济源站 7 倍、罗山站 8 倍,空间分异显著,降雨侵蚀力因子 R 最大值和最小值出现年与河南地区洪涝灾害年和干旱灾害年相对应。从变化过程来看,1987~1990 年间降雨侵蚀力因子 R 波动较小,从 2015 年开始年降雨侵蚀力因子 R 出现明显的波动趋势,特别是2016~2020 年间年波动更为显著,6 个站 18 年观测中降雨侵蚀力因子 R 最大值都出现在这个时期,说明河南从 2015 年开始降雨量开始产生较大波动,与全球气候变化、生态环境保护良好、局地气候变化有关,是近年来河南年降雨侵蚀力因子 R 变化的显著特征。

对于降雨侵蚀力因子 R 年际变化采用离差系数 C_v 和趋势系数 r 两项指标进行分析,计算公式分别见式(6-1)和式(6-2)。所计算的离差系数 C_v 越大,说明河南计算年限内年降雨侵蚀力因子 R 变化幅度越大;计算出来的趋势系数 r 为正数时表示降雨侵蚀力因子 R 在所研究的时间段内有线性增加的趋势,反之亦然,r 绝对值的大小反映 R 变化程度的快慢。

$$C_v = \frac{\sqrt{\dfrac{1}{n-1}\sum_{i=1}^{n}(x_i - \bar{x})^2}}{\bar{x}} \tag{6-1}$$

$$r = \frac{\sum_{i=1}^{n}(x_i - \bar{x})(i - t)}{\sqrt{\sum_{i=1}^{n}(x_i - \bar{x})^2 \sum_{i=1}^{n}(i - t)^2}} \tag{6-2}$$

$$t = (n+1)/2$$

式中　n——年份序号;

　　　x_i——第 i 年的降雨侵蚀力因子;

　　　$\bar{x}$——多年平均降雨侵蚀力因子。

利用式(6-1)计算鲁山站、陕州站、嵩县站、南召站、济源站、罗山站不同年份序列降雨侵蚀力离差系数 C_v 值;利用式(6-2)计算 1983~2020 年鲁山站、陕州站、嵩县站、南召站、济源站、罗山站的降雨侵蚀力趋势系数 r,进一步分析河南降雨侵蚀力因子 R 值年际变化特征,结果见图 6-26~图 6-31。

计算分析得鲁山站、陕州站、嵩县站、南召站、济源站、罗山站不同年份序列降雨侵蚀力因子 R 离差系数 C_v 分别为 0.576、0.492、0.481、0.571、0.617、0.729,降雨侵蚀力因子 R 变动幅度由大到小依次为:罗山站、济源站、鲁山站、南召站、陕州站、嵩县站,说明在 1982~1990 年、2012~2020 年 18 年间罗

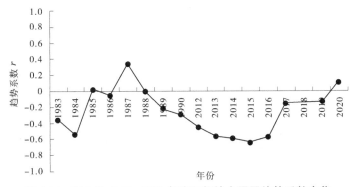

图 6-26　罗山站 1983~2020 年降雨侵蚀力因子趋势系数变化

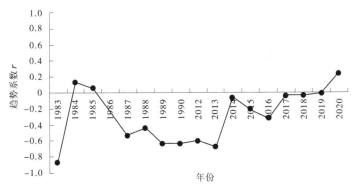

图 6-27　南召站 1983~2020 年降雨侵蚀力因子趋势系数变化

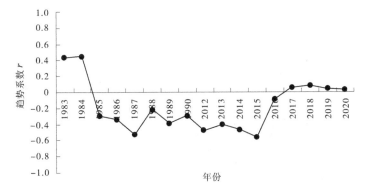

图 6-28　鲁山站 1983~2020 年降雨侵蚀力因子趋势系数变化

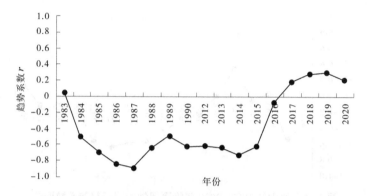

图 6-29　嵩县站 1983～2020 年降雨侵蚀力因子趋势系数变化

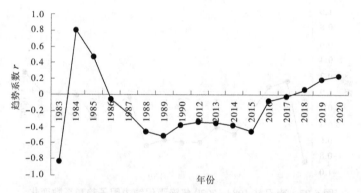

图 6-30　陕州站 1983～2020 年降雨侵蚀力因子趋势系数变化

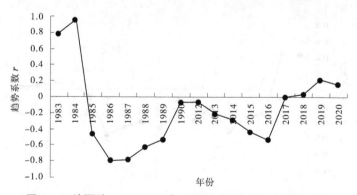

图 6-31　济源站 1983～2020 年降雨侵蚀力因子趋势系数变化

山站、济源站、鲁山站降雨侵蚀力因子R值年际变化较大,而南召站、陕州站、嵩县站R值年际变化相对稳定。1983~2020年鲁山站、陕州站、嵩县站、南召站、济源站、罗山站的降雨侵蚀力因子R的趋势系数r分别为0.023、0.226、0.204、0.227、0.149、0.098,总体来看随着计算样本时间序列的增加,河南年降雨侵蚀力因子R的趋势系数r波动有减少趋势,但不同时段波动趋势不一致,波动越大说明降雨侵蚀力因子R增加或减少的趋势越明显。

第三节　小　结

利用河南6个水土保持监测站1983~2020年地面雨量站的降雨资料,采用卜兆宏的汛期降雨量和30 min最大雨强对各站点的逐年降雨侵蚀力进行评价,由此计算得到河南1983~2020年逐年和多年平均降雨侵蚀力因子,在此基础上对河南降雨侵蚀力因子的空间分布特征进行比较与分析,然后采用离差系数(C_v)和趋势系数(r)的方法对降雨侵蚀力因子的时间变化特征进行分析,所得主要结论如下:

(1)利用河南6个水土保持监测和土壤侵蚀试验站点1982~1990年、2012~2020年降雨实测资料,采用卜兆宏R值新算法。河南降雨侵蚀力因子分为高值区[大于330 MJ·mm/(hm²·h·a)]、中值区[240~330 (MJ·mm/(hm²·h·a)]、低值区[小于240 [MJ·mm/(hm²·h·a)]。

(2)河南降雨侵蚀力因子R值空间分布不均,R值为186.21~403.71 MJ·mm/(hm²·h·a),平均值为281.38 MJ·mm/(hm²·h·a)。R值大于330 MJ·mm/(hm²·h·a)的高值区分布在南召站、罗山站,R值在240~330 MJ·mm/(hm²·h·a)的中值区分布在济源站、鲁山站,R值小于240 MJ·mm/(hm²·h·a)的低值区分布在嵩县站、陕州站。R最大值出现在南召站,达到403.71 MJ·mm/(hm²·h·a);R最小值出现在陕州站,为186.21 MJ·mm/(hm²·h·a)。

(3)河南多年平均降雨侵蚀力因子R值南召站>罗山站>济源站>鲁山站>嵩县站>陕州站,表现为自东南向西北降雨侵蚀力因子R值逐渐减小,这与东南部受季风影响较强有关。降雨侵蚀力因子较高的地方是土壤侵蚀的敏感地区,应重视降雨侵蚀力因子高值区的水土流失监督预警及防治措施,兼顾坡耕地及生产建设项目的水土流失防治。

(4)河南降雨侵蚀力因子 R 值变化与汛期降雨量变化有着较强的相关性,降雨侵蚀力因子年际差异较大。R 最大值集中分布在 2016 年和 2020 年,鲁山站、陕州站、嵩县站、南召站、济源站、罗山站,R 最大值分别达到 602.88 MJ·mm/(hm^2·h·a)、363.62 MJ·mm/(hm^2·h·a)、462.08 MJ·mm/(hm^2·h·a)、964.66 MJ·mm/(hm^2·h·a)、698.13 MJ·mm/(hm^2·h·a)、945.75 MJ·mm/(hm^2·h·a);R 最小值主要出现在 1986 年,6 站点 R 最小值分别为 61.70 MJ·mm/(hm^2·h·a)、60.14 MJ·mm/(hm^2·h·a)、87.99 MJ·mm/(hm^2·h·a)、184.70 MJ·mm/(hm^2·h·a)、46.24 MJ·mm/(hm^2·h·a)、72.30 MJ·mm/(hm^2·h·a),最大年降雨侵蚀力因子与最小年降雨侵蚀力因子的差值达到鲁山站 10 倍、陕州站 17 倍、嵩县站 19 倍、南召站 19 倍、济源站 7 倍、罗山站 8 倍,空间差异显著,降雨侵蚀力因子 R 最大值和最小值出现年与河南地区洪涝灾害年和干旱灾害年相对应。从变化过程来看,1987~1990 年间降雨侵蚀力因子 R 波动较小,从 2015 年开始年降雨侵蚀力因子 R 出现明显的波动趋势,特别是 2016~2020 年间年波动更为显著,6 个站 18 年观测中降雨侵蚀力因子 R 最大值都出现在这个时期;说明河南从 2015 年开始降雨量开始产生较大波动,与全球气候变化、生态环境保护良好、局地气候变化有关,是近年来河南年降雨侵蚀力因子 R 变化的显著特征。

(5)鲁山站、陕州站、嵩县站、南召站、济源站、罗山站不同年份序列降雨侵蚀力因子 R 离差系数 C_v 分别为 0.576、0.492、0.481、0.571、0.617、0.729,故降雨侵蚀力 R 变动幅度由大到小依次为:罗山站、济源站、鲁山站、南召站、陕州站、嵩县站,说明罗山站、济源站、鲁山站降雨侵蚀力因子 R 值年际变化较大,而南召站、陕州站、嵩县站 R 值年际变化相对稳定。1983~2020 年鲁山站、陕州站、嵩县站、南召站、济源站、罗山站的降雨侵蚀力因子 R 趋势系数 r 分别为 0.023、0.226、0.204、0.227、0.149、0.098,总体来看随着计算样本时间序列的增加,河南年降雨侵蚀力因子 R 趋势系数 r 波动有减少趋势,但不同时段波动趋势不一致,波动越大说明降雨侵蚀力因子 R 增加或减少的趋势越明显。

第七章　土壤可蚀性因子 *K* 特征

　　土壤可蚀性因子(K)是通用土壤流失方程(USLE)和中国土壤流失方程(CSLE)等土壤侵蚀与水土流失模型方程中的重要参数。随着 USLE 和 RUSLE 在全球范围内的广泛应用,K 本地化的准确取值成为各国学者的研究热点之一。

　　中国水土流失形势严峻,根据第一次全国水利普查公报,中国水力侵蚀面积约 $1.29×10^6$ km^2,且中度以上流失面积占水力侵蚀总面积的 21.2%[100]。国内许多学者依据不同地区积累的径流小区资料,开展了基于实测数据和土壤性质估算 K 值的研究并取得了丰富的成果。但由于小区规格和管理标准不一、K 值计算方法不同,国内尚未形成基于实测数据的 K 值数据库。实际应用中多采用 Wischmeier 或 EPIC 公式进行 K 值估算[101-102],与实测数据相比误差较大,无法真实反映中国土壤对侵蚀的敏感程度[55]。鉴于此,本书利用河南 6 个水土流失监测与土壤侵蚀试验观测站点的径流小区实测系列资料数据,开展基于实测数据和土壤流失量计算土壤可蚀性因子 K 值,并根据标准小区的定义,将径流小区的坡长和坡度统一订正到坡度为 15°、垂直投影坡长为 20 m 的标准小区上。径流小区基本情况详见表 7-1,涵盖了河南主要土壤类型,具有典型代表性。

表 7-1　河南土壤侵蚀观测点径流小区基本情况

侵蚀分区	地区	径流小区个数	土地利用	土壤类型	基岩种类
水力侵蚀北方土石山区	鲁山站	8	农地、林地	褐土	片麻岩
	南召站	3	农地、林地、灌草地	沙壤土、黄棕壤	花岗岩
	罗山站	8	农地、林地	黄棕壤	片麻岩
水力侵蚀西北黄土高原区	陕州站	12	裸地、农地、灌草地	立黄土	灰岩
	嵩县站	12	裸地、农地、林地、草地	黄褐土	片麻岩
	济源站	2	农地、林地	砾质砂土	混合花岗岩

第一节　河南土壤可蚀性因子 K 空间分布

选择观测年限超过 5 年,坡度、坡长、土壤类型和水土保持措施等信息记录完整的径流小区实测资料,分析其土壤流失量和降雨侵蚀力用于不同土壤类型的土壤可蚀性因子 K 值计算,根据河南 6 个站点径流小区实测资料数据情况,按照土壤侵蚀类型进行整理。

一、多年平均土壤可蚀性因子 K 空间分布

筛选出罗山站、南召站、鲁山站、嵩县站、陕州站 5 个观测站点 43 个径流小区的实测资料数据可用于计算土壤可蚀性因子 K 值$(t \cdot hm^2 \cdot h)/(hm^2 \cdot MJ \cdot mm)$,计算结果见表 7-2~ 表 7-6、图 7-1~图 7-5。

表 7-2　罗山站径流小区特征及多年平均土壤可蚀性因子 K 值

小区编号	土壤类型	土层厚度/ cm	侵蚀量/ (t/hm^2)	侵蚀模数/ $[t/(km^2 \cdot a)]$	K 值/ $[(t \cdot hm^2 \cdot h)/(hm^2 \cdot MJ \cdot mm)]$
小区 1	黄棕壤	100	7.967 1	660.153 3	0.021 688
小区 2	黄棕壤	100	6.203 3	307.948 6	0.028 257
小区 3	黄棕壤	100	4.961 7	201.163 7	0.022 948
小区 4	黄棕壤	100	4.392 1	156.280 6	0.021 262
小区 5	黄棕壤	100	12.864 4	2 566.212 8	0.059 964
小区 6	黄棕壤	100	5.359 0	600.853 9	0.013 306
小区 7	黄棕壤	100	7.187 0	884.314 2	0.040 087
小区 8	黄棕壤	100	4.351 3	386.891 1	0.012 818
平均值	黄棕壤	100	6.660 7	720.477 4	0.027 541

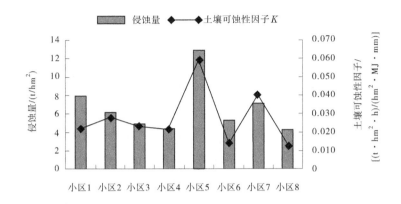

图 7-1 罗山站径流小区多年平均土壤可蚀性因子 K 值变化图

由表 7-2、图 7-1 可以看出,罗山站土壤可蚀性因子 K 值在 0.012 818 ~ 0.059 964 (t·hm²·h)/(hm²·MJ·mm),多年平均 K 值为 0.027 541 (t·hm²·h)/(hm²·MJ·mm),5 号小区侵蚀量达到 12.864 4 t/hm²,土壤可蚀性因子 K 值最大,其他径流小区 K 值差异较小。

表 7-3 南召站径流小区特征及多年平均土壤可蚀性因子 K 值

小区编号	土壤类型	土层厚度/ cm	侵蚀量/ (t/hm²)	侵蚀模数/ [t/(km²·a)]	K 值/ [(t·hm²·h)/ (hm²·MJ·mm)]
小区 1	黄棕壤	35	0.762 0	119.548 2	0.001 577
小区 2	沙壤土	27	3.387 1	2 258.399 4	0.008 744
小区 3	沙壤土	31	8.971 4	17 664.232 2	0.021 887
平均值	黄棕壤/沙壤土	31	4.373 5	6 680.726 6	0.010 736

由表 7-3、图 7-2 可以看出,南召站土壤可蚀性因子 K 值在 0.001 577 ~ 0.021 887 (t·hm²·h)/(hm²·MJ·mm),多年平均 K 值为 0.010 736 (t·hm²·h)/(hm²·MJ·mm),3 号小区侵蚀量达到 8.971 4 t/hm²,土壤可蚀性因子 K 值最大。

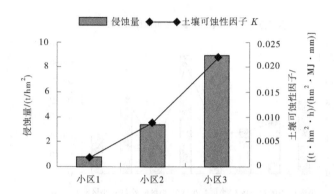

图 7-2　南召站径流小区多年平均土壤可蚀性因子 K 值变化图

表 7-4　鲁山站径流小区特征及多年平均土壤可蚀性因子 K 值

小区编号	土壤类型	土层厚度/ cm	侵蚀量/ (t/hm²)	侵蚀模数/ [t/(km²·a)]	K 值/ [(t·hm²·h)/ (hm²·MJ·mm)]
小区 1	褐土	65	1.065 0	64.944 5	0.007 541
小区 2	褐土	80	0.599 6	11.264 1	0.002 711
小区 3	褐土	45	0.497 0	14.303 6	0.002 676
小区 4	褐土	15	1.845 4	150.436 4	0.010 667
小区 5	褐土	90	1.238 5	28.175 1	0.003 681
小区 6	褐土	90	1.512 2	41.666 0	0.004 839
小区 7	褐土	80	19.709 5	3 508.132 3	0.054 533
小区 8	褐土	80	3.929 6	226.811 8	0.010 860
平均值	褐土	68	3.799 6	505.716 7	0.012 189

　　由表 7-4、图 7-3 可以看出,鲁山站土壤可蚀性因子 K 值在 0.002 676 ~ 0.054 533 (t·hm²·h)/(hm²·MJ·mm),多年平均 K 值为 0.012 189 (t·hm²·h)/(hm²·MJ·mm),7 号小区侵蚀量达到 19.709 5 t/hm²,土壤可蚀性因子 K 值最大,其他径流小区 K 值差异较小。

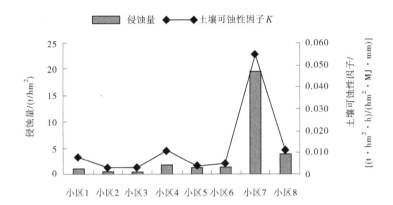

图 7-3　鲁山站径流小区多年平均土壤可蚀性因子 K 值变化图

表 7-5　嵩县站径流小区特征及多年平均土壤可蚀性因子 K 值

小区编号	土壤类型	土层厚度/ cm	侵蚀量/ (t/hm²)	侵蚀模数/ [t/(km²·a)]	K 值/[(t·hm²·h)/ (hm²·MJ·mm)]
小区 1	黄褐土	100	6.533 6	274.790 9	0.025 163
小区 2	黄褐土	100	15.887 3	1 700.816 4	0.070 963
小区 3	黄褐土	100	2.229 6	52.512 3	0.008 232
小区 4	黄褐土	100	0.472 2	0.270 2	0.002 623
小区 5	黄褐土	100	7.341 0	872.417 9	0.028 338
小区 6	黄褐土	100	14.674 7	3 129.460 6	0.060 049
小区 7	黄褐土	100	3.682 6	397.680 1	0.011 438
小区 8	黄褐土	100	0.656 2	0.741 6	0.003 627
小区 9	黄褐土	100	14.157 0	3 509.011 1	0.061 920
小区 10	黄褐土	100	27.164 9	10 066.419 4	0.116 973
小区 11	黄褐土	100	6.076 4	688.790 4	0.019 665
小区 12	黄褐土	100	0.951 6	0.945 4	0.005 273
平均值	黄褐土	100	8.318 9	1 724.488 0	0.034 522

由表 7-5、图 7-4 可以看出,嵩县站土壤可蚀性因子 K 值在 0.002 623 ~ 0.116 973 (t·hm²·h)/(hm²·MJ·mm),多年平均 K 值为 0.034 522 (t·hm²·h)/(hm²·MJ·mm),10 号小区侵蚀量达到 27.164 9 t/hm²,土壤可蚀性因子 K 值最大。

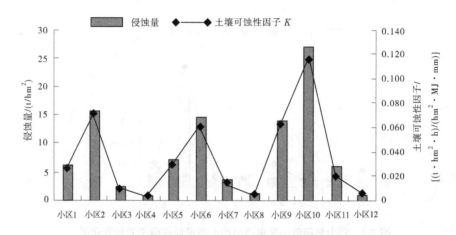

图 7-4　嵩县站径流小区多年平均土壤可蚀性因子 *K* 值变化图

表 7-6　陕州站径流小区特征及多年平均土壤可蚀性因子 *K* 值

小区编号	土壤类型	土层厚度/cm	侵蚀量/(t/hm²)	侵蚀模数/[t/(km²·a)]	*K* 值/[(t·hm²·h)/(hm²·MJ·mm)]
小区 1	立黄土	80	0.381 3	0.585 0	0.002 065
小区 2	立黄土	80	22.208 6	2 280.652 3	0.120 811
小区 3	立黄土	80	3.036 8	61.630 2	0.015 350
小区 4	立黄土	80	9.738 5	615.658 4	0.040 329
小区 5	立黄土	80	0.598 4	3.512 4	0.003 871
小区 6	立黄土	80	23.054 8	4 632.351 5	0.128 761
小区 7	立黄土	80	10.435 8	1 207.842 1	0.058 067
小区 8	立黄土	80	13.222 9	1 489.268 2	0.078 731
小区 9	立黄土	80	0.604 6	4.243 9	0.003 086
小区 10	立黄土	80	36.232 7	12 828.771 9	0.189 068
小区 11	立黄土	80	5.820 8	729.198 3	0.033 164
小区 12	立黄土	80	0.512 5	2.896 2	0.002 692
平均值	立黄土	80	10.487 3	1 988.050 9	0.056 333

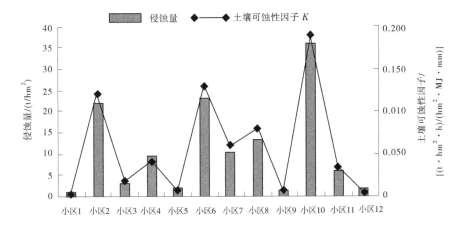

图 7-5　陕州站径流小区多年平均土壤可蚀性因子 K 值变化图

由表 7-6、图 7-5 可以看出,陕州站土壤可蚀性因子 K 值在 0.002 065 ~ 0.189 068(t·hm²·h)/(hm²·MJ·mm),多年平均 K 值为 0.056 333 (t·hm²·h)/(hm²·MJ·mm),10 号小区侵蚀量达到 36.232 7 t/hm²,土壤可蚀性因子 K 值最大。

综上所述,河南多年平均土壤可蚀性因子 K 值在 0.001 6 ~ 0.189 1 (t·hm²·h)/(hm²·MJ·mm)。鲁山站迎河、陕州站金水河、嵩县站胡沟、南召站新寺沟、济源站虎岭、罗山站万河多年平均土壤可蚀性因子 K 值分别为 0.012 2(t·hm²·h)/(hm²·MJ·mm)、0.056 3(t·hm²·h)/(hm²·MJ·mm)、0.034 5(t·hm²·h)/(hm²·MJ·mm)、0.010 7(t·hm²·h)/(hm²·MJ·mm)和 0.027 5(t·hm²·h)/(hm²·MJ·mm),土壤可蚀性因子 K 值和土壤侵蚀模数自西向东有减小趋势。对比分析发现,相似土壤类型的 K 值接近,土壤可蚀性由大到小依次为:立黄土>黄褐土>黄棕壤>沙壤土>褐土,其 K 值分别为 0.056 3(t·hm²·h)/(hm²·MJ·mm)、0.034 5(t·hm²·h)/(hm²·MJ·mm)、0.024 7(t·hm²·h)/(hm²·MJ·mm)、0.015 3(t·hm²·h)/(hm²·MJ·mm)、0.012 2(t·hm²·h)/(hm²·MJ·mm)。

根据《土壤侵蚀分类分级标准》(SL 190—2007)对站点土壤侵蚀程度进行分级:土壤侵蚀模数小于 200 t/(km²·a)为微度侵蚀,土壤侵蚀模数 200 ~ 2 500 t/(km²·a)为轻度侵蚀,土壤侵蚀模数 2 500 ~ 5 000 t/(km²·a)为中度侵蚀,土壤侵蚀模数 5 000～8 000 t/(km² · a)为重度侵蚀,土壤侵蚀模数 8 000 t/(km² · a)以上为极强度侵蚀。鲁山站迎河小流域多年平均侵蚀模数为 505.716 7 t/(km² · a),属于轻度侵蚀;陕州站金水河小流域多年平均侵蚀模数为 1 988.050 9 t/(km² · a),属于轻度侵蚀;嵩县站胡沟小流域多年平均侵蚀模数为 1 724.488 0 t/(km² · a),属于轻度侵蚀;南召站新寺沟小流域多年平均侵蚀模数为 6 680.726 6 t/(km² · a),属于重度侵蚀;罗山站万河小流域多年平均侵蚀模数为 720.477 4 t/(km² · a),属于轻度侵蚀。

二、逐年土壤可蚀性因子 K 空间分布

通过计算河南各观测站点 15°坡度、20 m 坡长、5 m 宽的标准清耕休闲径流小区 K 值,进行逐年土壤可蚀性因子 K 空间分布分析,若径流小区为非标准小区,将计算结果标准化到标准小区上后再进行分析。结果见表 7-7～表 7-15、图 7-6～图 7-14。

表 7-7　河南 2012 年土壤可蚀性空间分布

监测站点	小区编号	土壤类型	侵蚀量/ (t/hm²)	K 值/ [(t · hm² · h)/ (hm² · MJ · mm)]	侵蚀模数/ [t/(km² · a)]	侵蚀等级
罗山站	小区 8	黄棕壤	2.07	0.022 6	37.179 6	微度侵蚀
南召站	小区 1	黄棕壤	0.52	0.001 5	26.261 2	微度侵蚀
鲁山站	小区 4	褐土	2.94	0.047 6	595.809 5	轻度侵蚀
嵩县站	小区 8	黄褐土	4.70	0.025 3	248.356 1	轻度侵蚀
陕州站	小区 5	立黄土	0.50	0.003 0	1.536 9	微度侵蚀

由表 7-7、图 7-6 可以看出,2012 年河南土壤可蚀性因子 K 值在 0.001 5～0.047 6(t · hm² · h)/(hm² · MJ · mm),K 以鲁山站为高值中心向四周减弱,最大值出现在鲁山站,最小值出现在南召站。

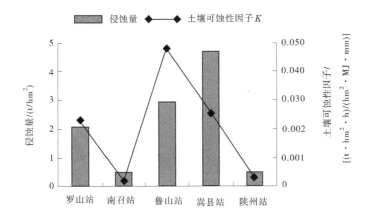

图 7-6 河南 2012 年 K 值空间分布图

表 7-8 河南 2013 年土壤可蚀性因子空间分布

监测站点	小区编号	土壤类型	侵蚀量/ (t/hm^2)	K 值/ $[(t \cdot hm^2 \cdot h)/(hm^2 \cdot MJ \cdot mm)]$	侵蚀模数/ $[t/(km^2 \cdot a)]$	侵蚀等级
罗山站	小区 8	黄棕壤	2.16	0.029 8	64.462 7	微度侵蚀
南召站	小区 1	黄棕壤	0.33	0.001 4	13.901 7	微度侵蚀
鲁山站	小区 4	褐土	0.86	0.003 4	3.861 4	微度侵蚀
嵩县站	小区 8	黄褐土	0.28	0.001 6	0.862 8	微度侵蚀
陕州站	小区 5	立黄土	2.00	0.013 8	1.536 9	微度侵蚀

由表 7-8、图 7-7 可以看出,2013 年河南土壤可蚀性因子 K 值在 0.001 4~0.029 8 $(t \cdot hm^2 \cdot h)/(hm^2 \cdot MJ \cdot mm)$, K 以罗山站为高值中心向四周减弱,最大值出现在罗山站,最小值出现在南召站。

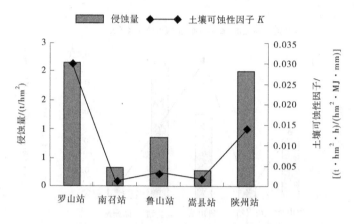

图 7-7　河南 2013 年 K 值空间分布图

表 7-9　河南 2014 年土壤可蚀性因子空间分布

监测站点	小区编号	土壤类型	侵蚀量/ (t/hm^2)	K 值/ $[(t \cdot hm^2 \cdot h)/$ $(hm^2 \cdot MJ \cdot mm)]$	侵蚀模数/ $[t/(km^2 \cdot a)]$	侵蚀等级
罗山站	小区 8	黄棕壤	2.79	0.013 2	260.241 5	轻度侵蚀
南召站	小区 1	黄棕壤	0.14	0.000 2	3.628 3	微度侵蚀
鲁山站	小区 4	褐土	0.97	0.006 6	3.861 4	微度侵蚀
嵩县站	小区 8	黄褐土	0.33	0.003 6	4.153 2	微度侵蚀
陕州站	小区 5	立黄土	0.31	0.002 4	0.685 5	微度侵蚀

　　由表 7-9、图 7-8 可以看出,2014 年河南土壤可蚀性因子 K 值在 0.000 2～
0.013 2 $(t \cdot hm^2 \cdot h)/(hm^2 \cdot MJ \cdot mm)$,$K$ 值整体上自东南向西北减小,最大
值在罗山站,最小值出现在南召站。

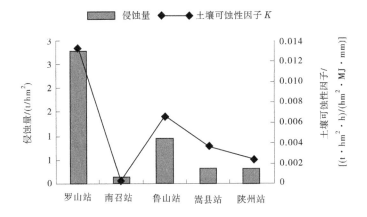

图 7-8 河南 2014 年 K 值空间分布图

表 7-10 河南 2015 年土壤可蚀性因子空间分布

监测站点	小区编号	土壤类型	侵蚀量/(t/hm²)	K 值/[(t·hm²·h)/(hm²·MJ·mm)]	侵蚀模数/[t/(km²·a)]	侵蚀等级
罗山站	小区 8	黄棕壤	2.24	0.018 4	166.947 9	轻度侵蚀
南召站	小区 1	黄棕壤	0.17	0.000 9	3.628 3	微度侵蚀
鲁山站	小区 4	褐土	0.01	0.000 1	7.241 9	微度侵蚀
嵩县站	小区 8	黄褐土	0.10	0.000 4	0.314 0	微度侵蚀
陕州站	小区 5	立黄土	1.75	0.017 0	17.344 6	微度侵蚀

　　由表 7-10、图 7-9 可以看出,2015 年河南土壤可蚀性因子 K 值在 0.000 1~0.018 4(t·hm²·h)/(hm²·MJ·mm),K 以罗山站、陕州站为高值中心向四周减弱,最大值在罗山站,最小值在鲁山站。

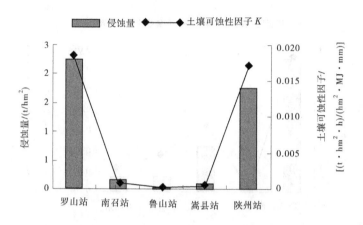

图 7-9　河南 2015 年 K 值空间分布图

表 7-11　河南 2016 年土壤可蚀性因子空间分布

监测站点	小区编号	土壤类型	侵蚀量/ (t/hm²)	K 值/ [(t·hm²·h)/ (hm²·MJ·mm)]	侵蚀模数/ [t/(km²·a)]	侵蚀等级
罗山站	小区 8	黄棕壤	3.33	0.009 2	374.364 8	轻度侵蚀
南召站	小区 1	黄棕壤	0.20	0.001 0	20.179 6	微度侵蚀
鲁山站	小区 4	褐土	0.75	0.001 2	3.050 1	微度侵蚀
嵩县站	小区 8	黄褐土	0.10	0.000 2	0.101 0	微度侵蚀
陕州站	小区 5	立黄土	0.61	0.001 7	2.626 8	微度侵蚀

　　由表 7-11、图 7-10 可以看出,2016 年河南土壤可蚀性因子 K 值在 0.000 2~ 0.009 2 (t·hm²·h)/(hm²·MJ·mm),K 值整体上自东南向西北减小,最大值在罗山站,最小值在嵩县站。

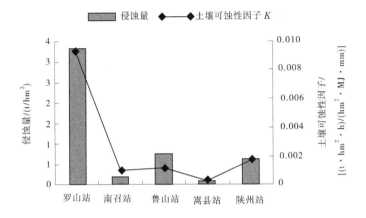

图 7-10 河南 2016 年 K 值空间分布图

表 7-12 河南 2017 年土壤可蚀性因子空间分布

监测站点	小区编号	土壤类型	侵蚀量/ (t/hm²)	K 值/ [(t·hm²·h)/ (hm²·MJ·mm)]	侵蚀模数/ [t/(km²·a)]	侵蚀等级
罗山站	小区 8	黄棕壤	7.94	0.008 4	815.194 7	轻度侵蚀
南召站	小区 1	黄棕壤	0.40	0.000 5	264.698 1	轻度侵蚀
鲁山站	小区 4	褐土	7.26	0.017 6	398.989 0	轻度侵蚀
嵩县站	小区 8	黄褐土	0.10	0.000 2	0.074 7	微度侵蚀
陕州站	小区 5	立黄土	0.71	0.003 3	2.725 1	微度侵蚀

　　由表 7-12、图 7-11 可以看出,2017 年河南土壤可蚀性因子 K 值在 0.000 2~
0.008 4 (t·hm²·h)/(hm²·MJ·mm),K 以鲁山站为高值中心向四周减弱,
最大值在鲁山站,最小值在嵩县站。

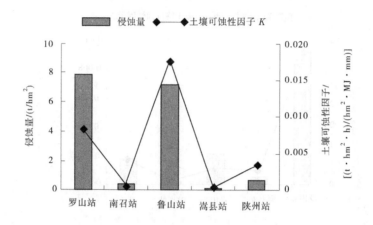

图 7-11　河南 2017 年 K 值空间分布图

表 7-13　河南 2018 年土壤可蚀性因子空间分布

监测站点	小区编号	土壤类型	侵蚀量/ (t/hm^2)	K 值/ $[(t \cdot hm^2 \cdot h)/ (hm^2 \cdot MJ \cdot mm)]$	侵蚀模数/ $[t/(km^2 \cdot a)]$	侵蚀等级
罗山站	小区 8	黄棕壤	4.08	0.011 4	179.132 6	微度侵蚀
南召站	小区 1	黄棕壤	1.60	0.003 9	138.873 5	微度侵蚀
鲁山站	小区 4	褐土	0.38	0.001 3	13.204 6	微度侵蚀
嵩县站	小区 8	黄褐土	0.10	0.000 3	0.192 6	微度侵蚀
陕州站	小区 5	立黄土	0.71	0.002 9	2.752 2	微度侵蚀

　　由表 7-13、图 7-12 可以看出,2018 年河南土壤可蚀性因子 K 值在 0.000 3～0.011 4$(t \cdot hm^2 \cdot h)/(hm^2 \cdot MJ \cdot mm)$,$K$ 值整体上自东南向西北减小,最大值在罗山站,最小值在嵩县站。

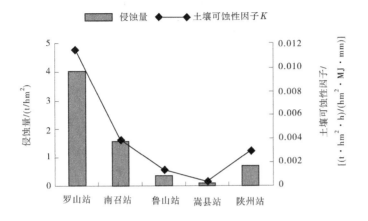

图 7-12　河南 2018 年 *K* 值空间分布图

表 7-14　河南 2019 年土壤可蚀性因子空间分布

监测站点	小区编号	土壤类型	侵蚀量/ （t/hm²）	*K* 值/ [（t·hm²·h）/ （hm²·MJ·mm）]	侵蚀模数/ [t/（km²·a）]	侵蚀等级
罗山站	小区 8	黄棕壤	4.71	0.013 3	590.112 6	轻度侵蚀
南召站	小区 1	黄棕壤	1.10	0.002 5	919.128 0	轻度侵蚀
鲁山站	小区 4	褐土	0.39	0.001 9	19.838 3	微度侵蚀
嵩县站	小区 8	黄褐土	0.10	0.000 4	0.076 3	微度侵蚀
陕州站	小区 5	立黄土	0.10	0.000 3	0.273 2	微度侵蚀

　　由表 7-14、图 7-13 可以看出，2019 年河南土壤可蚀性因子 *K* 值在 0.000 3~
0.013 3（t·hm²·h）/（hm²·MJ·mm），*K* 值整体上自东南向西北减小，最大
值在罗山站，最小值出陕州站。

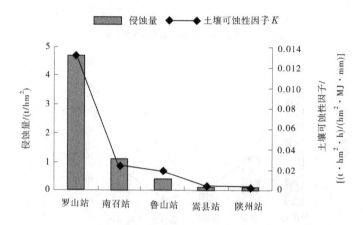

图 7-13　河南 2019 年 *K* 值空间分布图

表 7-15　河南 2020 年土壤可蚀性因子空间分布

监测站点	小区编号	土壤类型	侵蚀量/(t/hm²)	*K* 值/[(t·hm²·h)/(hm²·MJ·mm)]	侵蚀模数/[t/(km²·a)]	侵蚀等级
罗山站	小区 8	黄棕壤	6.09	0.006 4	545.311 3	轻度侵蚀
南召站	小区 1	黄棕壤	1.37	0.001 4	377.920 2	轻度侵蚀
鲁山站	小区 4	褐土	0.34	0.001 5	18.301 8	微度侵蚀
嵩县站	小区 8	黄褐土	0.10	0.000 6	0.158 0	微度侵蚀
陕州站	小区 5	立黄土	0.10	0.000 4	0.155 2	微度侵蚀

　　由表 7-15、图 7-14 可以看出,2020 年河南土壤可蚀性因子 *K* 值在 0.000 4~0.006 4 (t·hm²·h)/(hm²·MJ·mm),*K* 值整体上自东南向西北减小,最大值在罗山站,最小值在陕州站。

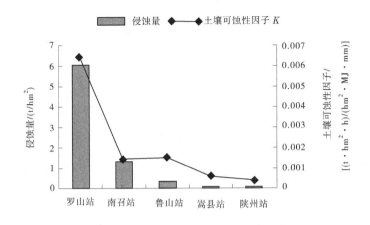

图 7-14 河南 2020 年 K 值空间分布图

土壤可蚀性因子是表征土壤可蚀性大小的重要指标,是水土保持规划发展和生态环境潜在危险性评价的重要基础[103]。基于标准径流小区上单位降雨侵蚀力所引起土壤流失量计算得到土壤可蚀性因子 K 值,河南多年土壤可蚀性因子最大值集中分布在罗山站,但 2012 年 K 最大值出现在鲁山站,是由于 2012 年鲁山站土地利用类型为荒坡,植被覆盖率仅为 20% 导致侵蚀加剧;2012～2014 年 K 最小值出现在南召站,是由于采取了栎林、梯田、林地相结合的土地利用方式土壤抗蚀能力增加;2015 年 K 最小值在鲁山站,因当年汛期降雨量和 30 min 最大雨强均较小,降雨侵蚀力 R 仅为 74.004 5 MJ·mm/(hm²·h·a),土壤受降雨的侵蚀强度较小;2016～2018 年 K 最小值在嵩县站,是因当年汛期降雨量和 30 min 最大雨强及其他地区相比均较小;2019～2020 年 K 最小值出现在陕州站,是因该地降雨侵蚀强度较小且植被覆盖率高,覆盖度达 80% 以上。

第二节 河南土壤可蚀性因子 K 年际变化

根据 2012～2020 年河南站点土壤侵蚀实测数据,计算分析径流小区土壤可蚀性因子年际变化,结果见表 7-16～表 7-20、图 7-15～图 7-19。

表 7-16　罗山站径流小区土壤可蚀性因子年际变化

单位:(t·hm²·h)/(hm²·MJ·mm)

小区	2012 年	2013 年	2014 年	2015 年	2016 年	2017 年	2018 年	2019 年	2020 年
小区 1	0.009 1	0.044 1	0.024 4	0.045 5	0.013 2	0.013 4	0.040 5	0.018 7	0.011 5
小区 2	0.114 6	0.093 4	0.012 9	0.024 6	0.006 8	0.008 2	0.027 2	0.009 2	0.007 1
小区 3	0.105 5	0.075 4	0.007 8	0.010 2	0.005 7	0.006 6	0.019 4	0.006 7	0.006 6
小区 4	0.096 3	0.070 9	0.007 4	0.011 8	0.004 7	0.005 4	0.017 1	0.008 9	0.004 6
小区 5	0.249 9	0.200 0	0.028 2	0.049 5	0.016 3	0.016 4	0.052 0	0.021 3	0.014 4
小区 6	0.003 3	0.024 0	0.016 1	0.026 0	0.010 0	0.010 7	0.023 4	0.011 3	0.008 4
小区 7	0.208 0	0.149 9	0.012 4	0.021 5	0.007 0	0.009 3	0.017 8	0.008 9	0.008 3
小区 8	0.022 6	0.029 8	0.013 2	0.018 4	0.009 2	0.008 4	0.011 4	0.013 3	0.006 4
平均值	0.101 2	0.085 9	0.015 3	0.025 9	0.009 1	0.009 8	0.026 1	0.012 3	0.008 4

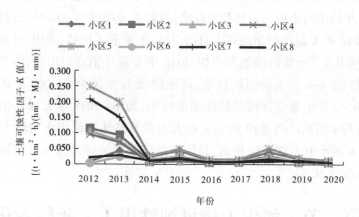

图 7-15　罗山站径流小区土壤可蚀性因子 K 值年际变化

由表 7-16、图 7-15 可以看出,罗山站土壤可蚀性因子 K 值在 0.003 3～0.249 9 (t·hm²·h)/(hm²·MJ·mm),最大值出现在 2012 年的 5 号小区,该径流小区用地类型为农地,农业活动导致表层土壤易受到降雨影响;最小值出现在 2012 年的 6 号小区,用地类型为自然植被,植被覆盖度较高,具有较强的雨水截留能力。

表 7-17　南召站径流小区土壤可蚀性因子年际变化

单位:(t·hm²·h)/(hm²·MJ·mm)

小区	2012 年	2013 年	2014 年	2015 年	2016 年	2017 年	2018 年	2019 年	2020 年
小区 1	0.001 5	0.001 4	0.000 2	0.000 9	0.001 0	0.000 5	0.003 9	0.002 5	0.001 4
小区 2	0.003 9	0.005 9	0.001 8	0.013 3	0.017 2	0.001 4	0.021 6	0.013 7	0.001 6
小区 3	0.034 1	0.037 5	0.007 5	0.040 3	0.043 9	0.011 7	0.027 3	0.022 8	0.005 9
平均值	0.013 2	0.014 9	0.003 2	0.018 2	0.020 7	0.004 6	0.017 6	0.013 0	0.003 0

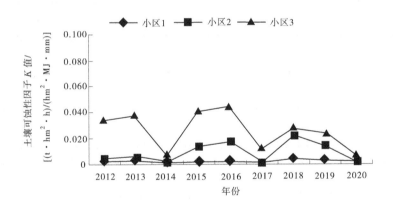

图 7-16　南召站径流小区土壤可蚀性因子 K 值年际变化

由表 7-17、图 7-16 可以看出,南召站土壤可蚀性因子 K 值在 0.000 2~0.043 9(t·hm²·h)/(hm²·MJ·mm)。最大值出现在 2016 年的 3 号小区,该年 30 min 最大雨强为 11.1 cm/h,达到近 9 年最大值,汛期降雨量为 585 mm,达到近 3 年最大值。降雨是形成地表径流的重要驱动力,同时降雨量和雨强与径流深、地表径流量均呈现显著的正相关性,R 值增大会导致降雨对地表冲刷力较大,易形成水土流失;雨强大导致降雨对地表冲刷力大,土壤流失量增加。最小值出现在 2014 年的 1 号小区,汛期降雨量仅为 408.5 mm,是近

9 年最小值,30 min 最大雨强为 3.8 cm/h,是近 7 年最小值,降雨强度较小,因此径流小区的径流深、径流量较低。

表 7-18　鲁山站径流小区土壤可蚀性因子年际变化

单位:(t·hm²·h)/(hm²·MJ·mm)

小区	2012 年	2013 年	2014 年	2015 年	2016 年	2017 年	2018 年	2019 年	2020 年
小区 1	0.036 3	0.004 9	0.006 0	0.021 1	0.001 2	0.004 8	0.001 1	0.002 3	0.002 1
小区 2	0.007 6	0.001 3	0.000 5	0.003 6	0.001 1	0.003 7	0.001 2	0.002 2	0.001 9
小区 3	0.009 3	0.001 5	0.003 3	0.007 2	0.001 2	0.001 2	0.001 6	0.002 1	0.001 9
小区 4	0.047 6	0.003 4	0.004 6	0.024 4	0.001 2	0.017 6	0.001 3	0.001 9	0.001 5
小区 5	0.010 9	0.001 8	0.000 5	0.005 2	0.001 2	0.010 4	0.001 5	0.004 2	0.003 0
小区 6	0.012 0	0.001 9	0.014 6	0.019 8	0.005 1	0.001 3	0.007 4	0.001 9	0.001 4
小区 7	0.009 4	0.152 4	0.083 9	0.087 3	0.061 0	0.063 7	0.007 7	0.007 6	0.005 5
小区 8	0.005 9	0.035 8	0.006 6	0.009 0	0.020 2	0.002 3	0.001 2	0.002 9	0.002 8
平均值	0.017 4	0.025 4	0.015 1	0.022 2	0.011 5	0.013 1	0.002 9	0.003 1	0.002 5

由表 7-18、图 7-17 可以看出,鲁山站土壤可蚀性因子 K 值在 0.001 1~0.152 4 (t·hm²·h)/(hm²·MJ·mm)。最大值出现在 2013 年的 7 号小区,主要受到该年降雨影响,2013 年鲁山站汛期降雨量和 30 min 最大雨强分别达到了 416 mm 和 4.68 cm/h,均为近 4 年的最大值,且该年径流小区土地利用类型为荒草地,当缺少土壤团聚体,面对降雨等外力分散作用时抵抗力降低[104]。最小值出现在 2016 年的 2 号小区,主要受土壤理化性质的影响,2 号径流小区土壤有机质含量达到 65%,是鲁山站 8 个径流小区中有机质含量最高的。

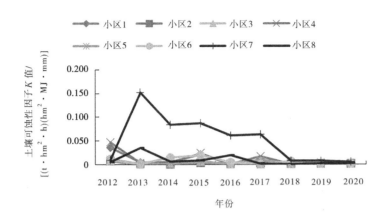

图 7-17　鲁山站径流小区土壤可蚀性因子 *K* 值年际变化

表 7-19　嵩县站径流小区土壤可蚀性因子年际变化

单位:$(t \cdot hm^2 \cdot h)/(hm^2 \cdot MJ \cdot mm)$

小区	2012 年	2013 年	2014 年	2015 年	2016 年	2017 年	2018 年	2019 年	2020 年
小区 1	0.093 0	0.001 4	0.010 7	0.002 6	0.008 5	0.044 7	0.004 0	0.047 6	0.014 0
小区 2	0.0613	0.134 4	0.094 2	0.021 8	0.044 1	0.066 4	0.007 6	0.093 2	0.115 7
小区 3	0.021 0	0.001 9	0.006 8	0.012 6	0.011 5	0.009 3	0.002 3	0.006 8	0.001 8
小区 4	0.0167	0.001 4	0.003 4	0.000 4	0.000 2	0.000 2	0.000 3	0.000 4	0.000 6
小区 5	0.045 7	0.002 3	0.005 9	0.011 7	0.013 6	0.026 7	0.024 9	0.073 0	0.051 2
小区 6	0.041 9	0.104 4	0.056 0	0.027 1	0.042 5	0.060 9	0.030 4	0.097 9	0.079 1
小区 7	0.028 5	0.004 3	0.006 3	0.006 9	0.035 1	0.016 4	0.002 2	0.002 6	0.000 7
小区 8	0.025 3	0.001 6	0.003 6	0.000 4	0.000 2	0.000 2	0.000 3	0.000 4	0.000 6
小区 9	0.047 8	0.002 0	0.111 5	0.007 8	0.048 3	0.043 4	0.027 3	0.119 3	0.149 8
小区 10	0.095 1	0.151 7	0.163 9	0.093 3	0.101 9	0.084 3	0.032 9	0.157 7	0.171 9
小区 11	0.037 1	0.002 9	0.008 3	0.028 8	0.042 0	0.030 0	0.005 0	0.018 6	0.004 3
小区 12	0.038 2	0.002 7	0.004 4	0.000 4	0.000 2	0.000 2	0.000 3	0.000 4	0.000 6
平均值	0.046 0	0.034 2	0.039 6	0.017 8	0.029 0	0.031 9	0.011 5	0.051 5	0.049 2

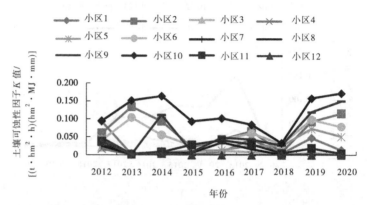

图 7-18　嵩县站径流小区土壤可蚀性因子 K 值年际变化

由表 7-19、图 7-18 可以看出,嵩县站土壤可蚀性因子 K 值在 0.000 2 ~ 0.171 9(t·hm²·h)/(hm²·MJ·mm)。最大值出现在 2020 年的 10 号小区,为无任何水保措施的裸地,植被覆盖率极低,不同植被类型土壤结构抵抗破坏的能力有所不同[105],同时径流小区为陡坡,坡度达 25°,陡坡导致裸地土壤流失量较大,土壤可蚀性因子 K 值较高。最小值出现在 2016 年的 4 号小区,用地类型为草地、植被类型为自然植被,相对于同等条件下的林地、农地 K 值较低,说明在黄褐土地区环境自我修复状态下水土保持效益较好,植被能够显著增加土壤有机质含量,改善区域土壤质量,提高抗蚀能力,因此 K 值较小。

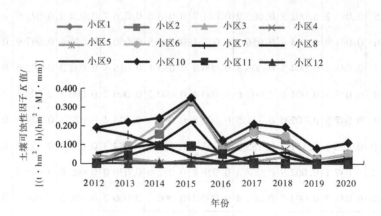

图 7-19　陕州站径流小区土壤可蚀性因子 K 值年际变化

由表 7-20、图 7-19 可以看出,陕州站土壤可蚀性因子 K 值在 0.000 3 ~ 0.352 0(t·hm² · h)/(hm² · MJ · mm)。最大值出现在 2015 年的 10 号小区,为无任何水土保持措施的裸地,因缺少植被覆盖,径流系数较大,降雨下渗减少,土壤流失量增加。最小值出现在 2019 年的 1 号小区,坡度较缓,为 10°,土地利用为自然植被,以草地为主,表明该地区生态恢复较好;土层厚度与土壤生物量成正比关系,该小区土层厚度达到 80 cm,土壤养分充足,土壤蓄水能力较强,土壤可蚀性因子 K 值较低。

表 7-20　陕州站径流小区土壤可蚀性因子年际变化

单位:(t · hm² · h)/(hm² · MJ · mm)

小区	2012 年	2013 年	2014 年	2015 年	2016 年	2017 年	2018 年	2019 年	2020 年
小区 1	0.002 4	0.002 8	0.003 1	0.004 0	0.001 4	0.002 8	0.002 1	0.000 3	0.000 4
小区 2	0.005 9	0.074 8	0.158 0	0.330 6	0.090 3	0.177 9	0.129 1	0.025 1	0.049 6
小区 3	0.043 4	0.029 9	0.010 5	0.009 4	0.003 9	0.014 6	0.037 5	0.001 1	0.002 3
小区 4	0.025 2	0.015 7	0.002 4	0.020 7	0.063 0	0.126 8	0.077 5	0.002 2	0.004 8
小区 5	0.003 0	0.002 8	0.002 4	0.017 0	0.001 7	0.003 3	0.002 9	0.000 3	0.000 4
小区 6	0.001 2	0.096 5	0.212 2	0.341 3	0.077 3	0.169 0	0.148 7	0.024 1	0.056 3
小区 7	0.184 4	0.152 4	0.100 7	0.035 5	0.010 8	0.042 9	0.063 6	0.009 6	0.017 0
小区 8	0.0579	0.083 5	0.110 7	0.223 8	0.035 5	0.129 0	0.037 4	0.003 9	0.031 4
小区 9	0.000 6	0.001 4	0.002 4	0.008 1	0.002 0	0.004 0	0.003 1	0.002 7	0.001 8
小区 10	0.191 5	0.220 7	0.242 7	0.352 0	0.125 2	0.211 4	0.195 3	0.081 8	0.112 6
小区 11	0.002 4	0.045 0	0.096 6	0.095 5	0.054 8	0.008 0	0.003 6	0.002 4	0.001 8
小区 12	0.002 4	0.002 8	0.003 1	0.006 0	0.002 6	0.003 8	0.003 0	0.000 3	0.000 4
平均值	0.043 4	0.060 7	0.078 7	0.120 4	0.039 0	0.074 5	0.058 7	0.012 8	0.023 2

第三节　小　结

用传统公式进行土壤可蚀性因子 K 值估算会导致误差较大,无法真实准确地表明河南土壤对侵蚀的敏感程度,采用河南土壤侵蚀试验观测站点 43 个径流小区的实测数据,对河南土壤可蚀性因子 K 值进行计算分析。

(1)用标准小区上单位降雨侵蚀力因子(R)所产生的土壤流失量表征土壤可蚀性因子 K 值,计算结果表明,河南土壤可蚀性因子 K 值在 0.001 6~0.189 1(t·hm²·h)/(hm²·MJ·mm);鲁山站、陕州站、嵩县站、南召站、济源站、罗山站平均 K 值分别为 0.012 2(t·hm²·h)/(hm²·MJ·mm)、0.056 3(t·hm²·h)/(hm²·MJ·mm)、0.034 5(t·hm²·h)/(hm²·MJ·mm)、0.010 7(t·hm²·h)/(hm²·MJ·mm)、0.027 5(t·hm²·h)/(hm²·MJ·mm),土壤可蚀性因子 K 值和土壤侵蚀模数自东南向西北增大;土壤可蚀性 K 值:立黄土>黄褐土>黄棕壤>沙壤土>褐土,其 K 值分别为 0.056 3(t·hm²·h)/(hm²·MJ·mm)、0.034 5(t·hm²·h)/(hm²·MJ·mm)、0.024 7(t·hm²·h)/(hm²·MJ·mm)、0.015 3(t·hm²·h)/(hm²·MJ·mm)、0.012 2(t·hm²·h)/(hm²·MJ·mm)。

(2)河南 K 值 2012 年 0.001 5~0.047 6(t·hm²·h)/(hm²·MJ·mm),2013 年 0.001 4~0.029 8(t·hm²·h)/(hm²·MJ·mm),2014 年 0.000 2~0.013 2(t·hm²·h)/(hm²·MJ·mm),2015 年 0.000 1~0.018(t·hm²·h)/(hm²·MJ·mm),2016 年 0.000 2~0.009 2(t·hm²·h)/(hm²·MJ·mm),2017 年 0.000 2~0.008 4(t·hm²·h)/(hm²·MJ·mm),2018 年 0.000 3~0.011 4(t·hm²·h)/(hm²·MJ·mm),2019 年 0.000 3~0.013 3(t·hm²·h)/(hm²·MJ·mm),2020 年 0.000 4~0.006 4(t·hm²·h)/(hm²·MJ·mm);2012~2020 年河南土壤可蚀性因子变化整体呈减小趋势,说明河南地区水土流失治理成效显著。

(3)鲁山站 K 值在 0.002 7~0.054 5(t·hm²·h)/(hm²·MJ·mm),平均值为 0.012 2(t·hm²·h)/(hm²·MJ·mm);陕州站 K 值在 0.002 1~0.189 1(t·hm²·h)/(hm²·MJ·mm),平均值为 0.056 3(t·hm²·h)/(hm²·MJ·mm);嵩县站 K 值在 0.002 6~0.117 0(t·hm²·h)/(hm²·MJ·mm),平均值为 0.034 5(t·hm²·h)/(hm²·MJ·mm);南召站 K 值在

0. 001 6 ~ 0. 021 9 (t · hm² · h)/(hm² · MJ · mm), 平均值为 0. 010 7 (t · hm² · h)/(hm² · MJ · mm);罗山站 K 值在 0. 012 8 ~ 0. 060 0(t · hm² · h)/ (hm² · MJ · mm), 平均值为 0. 027 5(t · hm² · h)/(hm² · MJ · mm), 说明河南 K 值黄河流域较大。

第八章　地形因子 *LS* 特征

研究地形因素不可避免地要用到坡度分级,而坡度分级的方法往往包括一般主观法、临界分级法和模式分级法。

(1)一般主观法。具有一定的灵活性、简易性,是研究者在客观上根据实际需要,对斜率进行分级的一种方法,它有一定的主观性和随机性,研究人员的水平和经验会对其结果产生直接的影响。

(2)临界分级法。是通过对地理物体在不同的斜坡上表现出的聚集或分散的特性进行分析,从而得出对应的临界值,并据此对其进行分级。临界坡度分级法能较好地反映各种地理物体在自然中的分布和层次特征。

(3)模式分级法。是一种以数学统计为基础的分级方法,它是根据坡度的统计分布特点进行分级,按其分类方式可分为自然裂点法、标准差法、等间距法。

研究者们根据不同的指数和参数,对坡度进行了分类,国际地理学会从地貌学的观点,提出了坡度分级六级分类方法,见表 8-1。

表 8-1　地貌学六级坡度分类法

坡度分级	坡度	侵蚀特征	对土地利用的影响
平坡	0°~0.5°	侵蚀作用极弱	耕作条件好,适宜城市发展
缓坡	0.5°~2°	坡面侵蚀微弱	农业和林业可全面机械化作业;城镇建设和交通运输条件优良
平缓微倾斜坡	2°~5°	土壤存在片蚀和线蚀	农业、工矿及交通的条件良好;农业和林业机械化作业有一定困难
斜坡	5°~15°	出现滑坡及土壤层的蠕动、线状侵蚀作用加强	城镇、工矿及居民点建设的上限,农业耕作可以沿等高线从事梯田化作业
陡坡	15°~35°	地面侵蚀十分强烈,土层受严重破坏,滑坡分布广泛	耕作和交通的上限;还可以作为林区和牧场
极陡坡	35°~55°	基岩裸露,侵蚀很强烈,重力过程明显	林业利用的极限,应停止一切经济活动

参考国际地理学联合会的六级坡度分类法,将河南土壤侵蚀试验观测站径流小区坡度分成 6 个等级:平坡 (0°~2°)、缓坡 (2°~5°)、斜坡 (5°~15°)、缓陡坡 (15°~25°)、陡坡 (25°~35°)、极陡坡 (>35°),缓陡坡径流小区占河南省站点径流小区总量的 60.5%,斜坡占径流小区总量的 34.8%,陡坡占比 4.7%。

第一节　径流小区地形因子 LS 分析

地形因子通常用 LS 来表示,是影响土壤侵蚀的重要自然地理要素之一,包括坡长因子 L 和坡度因子 S。在其他条件不变的情况下,当坡度越陡、坡长越长,地表径流对坡面的冲刷越大,挟带的泥沙越多,侵蚀能力就越强。根据 CSLE 的构建原理,采用刘宝元等提出的 LS 公式计算分析地形因子,结果见表 8-2~表 8-6、图 8-1~图 8-5。

表 8-2　罗山站径流小区地形因子

小区编号	坡度/(°)	坡长/m	宽度/m	S	L	LS
小区 1	10	20	5	2.417	0.951	2.299
小区 2	10	20	5	2.417	0.951	2.299
小区 3	10	20	5	2.417	0.951	2.299
小区 4	10	20	5	2.417	0.951	2.299
小区 5	15	20	5	4.711	0.951	4.480
小区 6	15	20	5	4.711	0.951	4.480
小区 7	15	20	5	4.711	0.951	4.480
小区 8	15	20	5	4.711	0.951	4.480

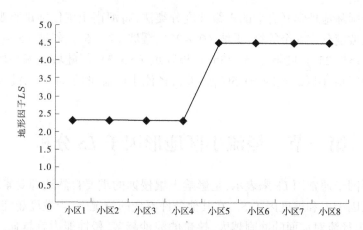

图 8-1　罗山站径流小区地形因子变化图

表 8-3　南召站径流小区地形因子

小区编号	坡度/(°)	坡长/m	宽度/m	S	L	LS
小区 1	23	256.2	124.5	7.601	3.403	25.866
小区 2	29	178.2	94.3	9.662	2.838	27.421
小区 3	31	406	73.2	10.324	4.283	44.218

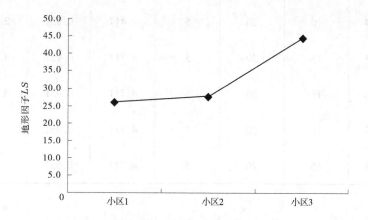

图 8-2　南召站径流小区地形因子变化图

表 8-4 鲁山站径流小区地形因子

小区编号	坡度/(°)	坡长/m	宽度/m	S	L	LS
小区 1	16	17.2	60	5.079	0.882	4.480
小区 2	11	25.5	54	3.221	1.073	3.456
小区 3	17	15.7	45	5.446	0.842	4.586
小区 4	15	19.7	31	4.711	0.944	4.447
小区 5	10	20	5	2.417	0.951	2.299
小区 6	10	20	5	2.417	0.951	2.299
小区 7	15	20	5	4.711	0.951	4.480
小区 8	15	20	5	4.711	0.951	4.480

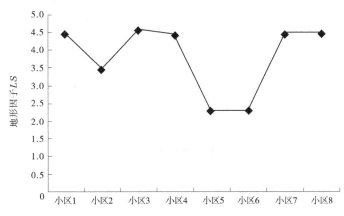

图 8-3 鲁山站径流小区地形因子变化图

表 8-5　嵩县站径流小区地形因子

小区编号	坡度/(°)	坡长/m	宽度/m	S	L	LS
小区 1	10	20	5	2.417	0.951	2.299
小区 2	10	20	5	2.417	0.951	2.299
小区 3	10	20	5	2.417	0.951	2.299
小区 4	10	20	5	2.417	0.951	2.299
小区 5	15	20	5	4.711	0.951	4.480
小区 6	15	20	5	4.711	0.951	4.480
小区 7	15	20	5	4.711	0.951	4.480
小区 8	15	20	5	4.711	0.951	4.480
小区 9	25	20	5	8.300	0.951	7.893
小区 10	25	20	5	8.300	0.951	7.893
小区 11	25	20	5	8.300	0.951	7.893
小区 12	25	20	5	8.300	0.951	7.893

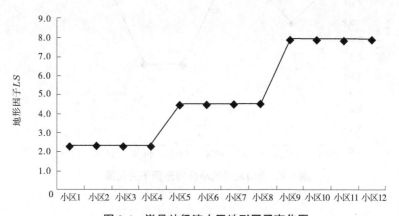

图 8-4　嵩县站径流小区地形因子变化图

表 8-6　陕州站径流小区地形因子

小区编号	坡度/(°)	坡长/m	宽度/m	S	L	LS
小区 1	10	20	5	2.417	0.951	2.299
小区 2	10	20	5	2.417	0.951	2.299
小区 3	10	20	5	2.417	0.951	2.299
小区 4	10	20	5	2.417	0.951	2.299
小区 5	15	20	5	4.711	0.951	4.480
小区 6	15	20	5	4.711	0.951	4.480
小区 7	15	20	5	4.711	0.951	4.480
小区 8	15	20	5	4.711	0.951	4.480
小区 9	25	20	5	8.300	0.951	7.893
小区 10	25	20	5	8.300	0.951	7.893
小区 11	25	20	5	8.300	0.951	7.893
小区 12	25	20	5	8.300	0.951	7.893

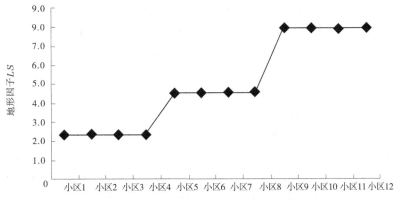

图 8-5　陕州站径流小区地形因子变化图

由表 8-2~表 8-6、图 8-1~图 8-5 可以看出,鲁山站径流小区地形因子 LS 在 2.299~4.586,陕州站 LS 在 2.299~7.893,嵩县站 LS 在 2.299~7.893,南召站 LS 在 25.866~44.218,罗山站 LS 在 2.299~4.480,坡度越陡、坡长越长,LS 因子值越大。南召站 LS 因子较大,鲁山站和罗山站 LS 因子较小。

第二节　不同坡度、坡向径流小区土壤侵蚀

一、不同坡度径流小区土壤侵蚀

根据通用土壤流失方程(USLE)通过选取河南多年平均土壤侵蚀数据与不同坡度径流小区叠加分析,得到不同坡度等级的土壤侵蚀情况,结果见表 8-7。

表 8-7　不同坡度小区土壤侵蚀情况

坡度划分/ (°)	小区个数	平均土壤侵蚀量/ (t/hm^2)	平均土壤侵蚀模数/ [$t/(km^2 \cdot a)$]	侵蚀等级
[10,15)	15	5.824	426.238	轻度侵蚀
[15,20)	17	7.675	1 184.481	轻度侵蚀
>20	11	9.513	4 352.041	中度侵蚀

坡度增大,土壤侵蚀量及土壤侵蚀模数也随之增加。坡度小于 15°的径流小区,最小土壤侵蚀模数为 0.270 $t/(km^2 \cdot a)$,最大土壤侵蚀模数为 2 280.652 $t/(km^2 \cdot a)$,均小于 2 500 $t/(km^2 \cdot a)$,包括了微度侵蚀和轻度侵蚀两个程度等级。

坡度在 15°~20°的径流小区,最小土壤侵蚀模数为 0.742 $t/(km^2 \cdot a)$,最大土壤侵蚀模数为 4 632.351 $t/(km^2 \cdot a)$,均小于 5 000 $t/(km^2 \cdot a)$,包括微度侵蚀、轻度侵蚀、中度侵蚀三个等级。坡度大于 20°的径流小区,最小土壤侵蚀模数为 0.945 $t/(km^2 \cdot a)$,最大土壤侵蚀模数为 17 664.232 $t/(km^2 \cdot a)$,均小于 25 000 $t/(km^2 \cdot a)$,包含了微度侵蚀、轻度侵蚀、中度侵蚀和强度侵蚀四个程度等级。坡度大于 20°的径流小区,土壤侵蚀模数均值为 4 352.041 $t/(km^2 \cdot a)$,虽然仅占全部径流小区总数的 25%,但是由于土壤侵蚀模数较大,在水土保持工程实践中应注意陡坡治理。

二、不同坡向径流小区土壤侵蚀

坡向定义为坡面法线在水平面上的投影方向,是重要的坡面因素。坡向能够调节地表的太阳辐射,对土壤水分、植物生长具有重要的地理意义。按照地形和采光条件等可以将坡向分为阴坡、阳坡、半阴坡和半阳坡 4 个类型,见表 8-8。

表 8-8　按采光条件和地形进行坡向划分

类型	坡向	地理坡向
阴坡	0°±22.5°	北
阳坡	180°±22.5°	南
半阴坡	45°±22.5°	东北
	315°±22.5°	西北
半阳坡	135°±22.5°	东南
	225°±22.5°	西南

坡向制约日照时间与太阳辐射强度,对于山地生态作用显著;北半球光照辐射南坡最多,其次是东南坡和西南坡,再次是东坡与西坡及东北坡和西北坡,最少为北坡,土壤侵蚀研究应关注坡向因素。通过计算对径流小区不同坡向的年均土壤侵蚀模数并绘制散点图,分析坡向和土壤侵蚀的相关性,结果见表 8-9、图 8-6、图 8-7。

由表 8-9、图 8-6、图 8-7 可以看出,根据不同坡向的平均侵蚀量和侵蚀模数分析,坡向 180°~270° 的南坡和西坡的侵蚀量和土壤侵蚀模数最大,最大侵蚀量为 10.793 t/hm²、最大侵蚀模数为 3 391.278 t/(km²·a)。坡向 123° 和 338° 的东南坡和西北坡的侵蚀量和土壤侵蚀模数最小,侵蚀量分别为 0.600 t/hm²、1.065 t/hm²,侵蚀模数分别为 11.264 t/(km²·a)、64.945 t/(km²·a)。南坡侵蚀模数大于北坡,主要是受降雨和季风影响,坡向 180°~270° 降雨较多,降雨对土壤的侵蚀性作用增强;北坡暖湿气流被地形阻挡降雨较少,土壤侵蚀较弱。

表 8-9　不同坡向径流小区土壤侵蚀情况

坡向	地理坡向	平均土壤侵蚀量/ (t/hm^2)	平均土壤侵蚀模数/ [$t/(km^2 \cdot a)$]	侵蚀等级
95°	东坡	6.597	951.196	轻度侵蚀
123°	东南坡	0.600	11.264	微度侵蚀
170°	南坡	6.281	507.097	轻度侵蚀
180°	南坡	9.086	1 224.317	轻度侵蚀
195°	南坡	9.769	2 855.894	中度侵蚀
270°	西坡	10.793	3 391.278	中度侵蚀
285°	西坡	6.661	720.477	轻度侵蚀
306°	西北坡	1.845	150.436	微度侵蚀
338°	北坡	1.065	64.945	微度侵蚀

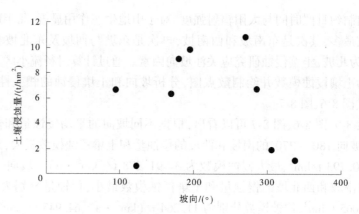

图 8-6　不同坡向径流小区土壤侵蚀量散点图

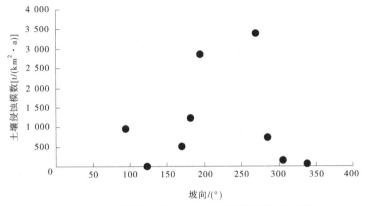

图 8-7　不同坡向径流小区土壤侵蚀模数散点图

第三节　小　结

　　河南土壤侵蚀试验观测站径流小区坡度在 10°~31°,多为陡坡,采用刘宝元等提出的基于 CSLE 的陡坡计算公式比较适用。

　　(1)根据 CSLE 的构建原理,采用刘宝元等提出的 *LS* 公式计算分析地形因子,鲁山站径流小区地形因子 *LS* 在 2.299~4.586,陕州站 *LS* 在 2.299~7.893,嵩县站 *LS* 在 2.299~7.893,南召站 *LS* 在 25.866~44.218,罗山站 *LS* 在 2.299~4.480,坡度越陡、坡长越长,*LS* 因子值越大;南召站 *LS* 因子较大,鲁山站和罗山站 *LS* 因子较小。

　　(2)地形因子中坡度对土壤侵蚀产生的影响更为显著,坡长则通过改变受雨面积影响侵蚀情况。坡度小于 15° 的区域最大土壤侵蚀模数为 2 280.652 t/(km² · a),坡度在 15°~20° 的区域最大土壤侵蚀模数为 4 632.351 t/(km² · a),坡度大于 20° 的区域最大土壤侵蚀模数为 17 664.232 t/(km² · a),平均值为 4 352.041 t/(km² · a)。

　　(3)坡向在地形因素中对土壤侵蚀也具有一定作用,坡向 180°~270° 南坡和西坡的侵蚀量和土壤侵蚀模数最大,最大侵蚀量为 10.793 t/hm²,最大侵蚀模数为 3 391.278 t/(km² · a);坡向为 123° 和 338° 的东南坡和西北坡的侵蚀量和土壤侵蚀模数最小,侵蚀量分别为 0.600 t/hm²、1.065 t/hm²,侵蚀模数分别为 11.264 t/(km² · a)、64.945 t/(km² · a)。

第九章　植被覆盖因子 C 特征

　　植被覆盖因子 C 是反映植被群落覆盖地表状况的综合化指标,是指具有良好管理措施或有绿色植被覆盖地区与同样条件下无植被覆盖、地表裸露地区的土壤侵蚀量的比值,取值范围[0,1],研究依据与植被覆盖度的相关性来计算植被覆盖因子 C 值。植被可以拦截水流、涵养水源、固定土壤、调节水文状况,起到抑制土壤侵蚀的作用。C 因子及其对水土流失的抑制程度受植物长势、植被类型、植被覆盖度等因素影响。

第一节　河南植被覆盖因子 C 空间分异

　　植被覆盖因子 C 是土壤侵蚀的抑制因子,起着削弱水土流失的作用。C 值大小的影响因素较多,其中植被覆盖度对 C 值影响作用最大。通过对 2012~ 2020 年河南土壤侵蚀试验观测站不同径流小区同种利用模式下各月份植被覆盖度的均值测定算出该年覆盖度值,再利用基于覆盖度变化的 C 值公式,计算得到不同利用模式下径流小区的植被覆盖因子 C 值。

一、多年平均植被覆盖因子 C 空间分布

　　利用 2012~2020 年河南土壤侵蚀试验观测站天然降雨条件下各径流小区植被覆盖度实测数据,计算各站点径流小区在不同种植模式下植被覆盖因子 C 值,结果见表 9-1~表 9-5、图 9-1~图 9-5。

表 9-1　罗山站径流小区植被覆盖因子

小区编号	植被覆盖度 c	植被覆盖因子 C	植被种类
小区 1	0.545 3	0.445 7	自然植被
小区 2	0.440 1	0.446 5	自然植被
小区 3	0.439 0	0.446 5	自然植被

续表 9-1

小区编号	植被覆盖度 c	植被覆盖因子 C	植被种类
小区 4	0.454 0	0.446 4	自然植被
小区 5	0.646 1	0.444 9	小麦
小区 6	0.443 4	0.446 5	自然植被
小区 7	0.472 4	0.446 3	自然植被
小区 8	0.432 1	0.446 6	自然植被
平均 C		0.446 2	

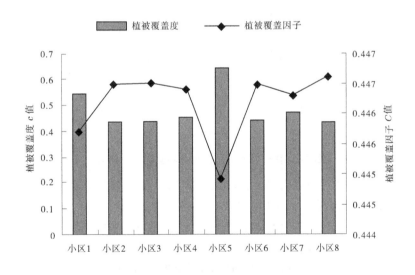

图 9-1　罗山站径流小区植被覆盖因子变化图

　　由表 9-1、图 9-1 可以看出,罗山站 2012~2020 年植被覆盖度 c 在 0.432 1~0.646 1,植被覆盖因子 C 在 0.444 9~0.446 6,平均 C 值为 0.446 2;自然植被植被覆盖因子 C 最大,小麦植被覆盖因子 C 最小。

表 9-2　南召站径流小区植被覆盖因子

小区编号	植被覆盖度 c	植被覆盖因子 C	植被种类
小区 1	0.800 0	0.443 7	栎林
小区 2	0.712 5	0.444 4	柞草
小区 3	0.600 0	0.445 3	马尾松
平均 C		0.444 5	

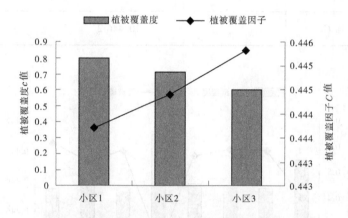

图 9-2　南召站径流小区植被覆盖因子变化图

由表 9-2、图 9-2 可以看出,南召站 2012~2020 年植被覆盖度 c 在 0.600 0~0.800 0,植被覆盖因子 C 在 0.443 7~0.445 3,平均 C 值为 0.444 5。马尾松植被覆盖因子 C 最大,栎林植被覆盖因子 C 最小,说明相同降雨条件下栎林抵抗土壤侵蚀能力较强。

表 9-3　鲁山站径流小区植被覆盖因子

小区编号	植被覆盖度 c	植被覆盖因子 C	植被种类
小区 1	0.385 6	0.447 0	花生、核桃
小区 2	0.764 4	0.444 0	芝麻、花生

续表9-3

小区编号	植被覆盖度 c	植被覆盖因子 C	植被种类
小区 3	0.511 1	0.446 0	油松、柏树
小区 4	0.262 2	0.447 9	栎树
小区 5	0.322 2	0.447 5	侧柏
小区 6	0.750 0	0.444 1	花生
小区 7	0.750 0	0.444 1	花生
小区 8	0.366 7	0.447 1	榨墩
平均 C	0.446 0		

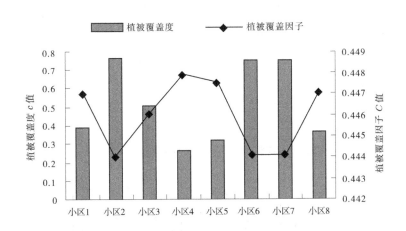

图 9-3　鲁山站径流小区植被覆盖因子变化图

由表9-3、图9-3可以看出,鲁山站植被覆盖度 c 在 0.262 2~0.764 4,植被覆盖因子 C 在 0.444 0~0.447 9,平均 C 值为 0.446 0。栎树植被覆盖因子 C 最大,芝麻、花生植被覆盖因子 C 最小,说明相同降雨条件下农作物植被覆盖度高,抵抗土壤侵蚀能力较强。

表9-4　嵩县站径流小区植被覆盖因子

小区编号	植被覆盖度 c	植被覆盖因子 C	植被种类
小区 1	0.615 8	0.445 2	黄豆、玉米、花生、红薯
小区 2	0.017 0	0.449 9	空地
小区 3	0.559 1	0.445 6	红薯、侧柏、杏树
小区 4	0.846 9	0.443 3	自然植被
小区 5	0.608 2	0.445 2	黄豆、玉米、花生、红薯
小区 6	0.044 4	0.449 7	空地
小区 7	0.594 5	0.445 3	红薯、侧柏、杏树
小区 8	0.845 7	0.443 4	自然植被
小区 9	0.613 9	0.445 2	黄豆、玉米、花生、红薯
小区 10	0.015 7	0.449 9	空地
小区 11	0.561 2	0.445 6	红薯、侧柏、杏树
小区 12	0.837 1	0.443 4	自然植被
平均 C		0.446 0	

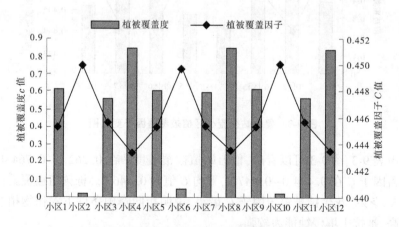

图9-4　嵩县站径流小区植被覆盖因子变化图

由表9-4、图9-4可以看出,嵩县站2012~2020年植被覆盖度 c 在0.017 0~0.846 9,植被覆盖因子 C 在0.443 3~0.449 9,平均 C 值为0.446 0;空地植被覆盖因子 C 值最大,自然植被植被覆盖因子 C 值最小,说明相同降雨条件下自然植被抵抗土壤侵蚀能力较强。

表9-5　陕州站径流小区植被覆盖因子

小区编号	植被覆盖度 c	植被覆盖因子 C	植被种类
小区 1	0.867 8	0.443 2	自然植被
小区 2	0.206 3	0.448 4	空地
小区 3	0.530 5	0.445 8	绿豆、红薯
小区 4	0.482 2	0.446 2	红薯、绿豆
小区 5	0.860 7	0.443 2	自然植被
小区 6	0.208 8	0.448 4	空地
小区 7	0.487 3	0.446 2	绿豆、红薯
小区 8	0.449 2	0.446 5	红薯、绿豆
小区 9	0.838 5	0.443 4	自然植被
小区 10	0.206 3	0.448 4	空地
小区 11	0.504 0	0.446 0	苜蓿
小区 12	0.835 5	0.443 4	荆条
平均 C		0.445 8	

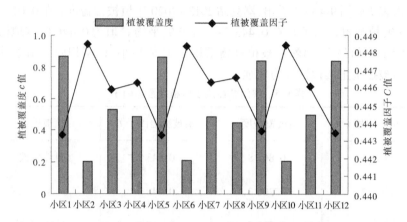

图 9-5　陕州站径流小区植被覆盖因子变化图

由表 9-5、表 9-5 可以看出,陕州站 2012~2020 年植被覆盖度 c 在 0.206 3~0.867 8,植被覆盖因子 C 在 0.443 2~0.448 4,平均 C 值为 0.445 8;空地植被覆盖因子 C 最大,自然植被植被覆盖因子 C 最小,说明相同降雨条件下自然植被抵抗土壤侵蚀能力最强。

综上分析,得出以下结论:

(1)在相同降雨侵蚀力条件下,地表不同植被类型下的植被覆盖因子具有一定差异,表现为马鞭草科(荆条)和豆科植物(花生)种植条件下植被覆盖因子最小,空地植被覆盖因子最大。地表植被覆盖程度低、降雨侵蚀强度大的时期是土壤侵蚀的危险期,在此期间采取适当的防护措施,可以有效地抑制水土流失。

(2)基于实测植被覆盖度的 C 值估算方法最为适宜河南省不同土地利用和植被种类的 C 值计算,河南荆条覆盖径流小区年 C 值为 0.443 4,花生覆盖径流小区年 C 值为 0.444 1,芝麻/花生覆盖径流小区年 C 值为 0.444 1,柞草覆盖径流小区年 C 值为 0.444 4,自然植被覆盖径流小区年 C 值为 0.445 2,小麦覆盖径流小区年 C 值为 0.444 9,黄豆/玉米/花生/红薯覆盖径流小区年 C 值为 0.445 2,马尾松覆盖径流小区年 C 值为 0.445 3,红薯/侧柏/杏树覆盖径流小区年 C 值为 0.445 5,栎林覆盖径流小区年 C 值为 0.445 8,苜蓿覆盖径流小区年 C 值为 0.446 0,油松/柏树覆盖径流小区年 C 值为 0.446 0,红薯/绿豆覆盖径流小区年 C 值为 0.446 2,花生/核桃覆盖径流小区年 C 值为 0.447 0,榨墩覆盖径流小区年 C 值为 0.447 1,侧柏覆盖径流小区年 C 值为 0.447 5,空地覆盖径流小区年 C 值为 0.449 1;C 值不同表明不同植被覆盖对土壤的防护作用不同,合理选择植被类型对防治水土流失有明显的作用。

(3)基于河南土壤侵蚀试验观测站径流小区内不同用地及植被年平均覆盖度的空间特征,建议应以改善土壤表层覆盖程度为目标,通过优化种植模式、合理配置植被类型和组合方式,以达到土壤可持续利用、有效防治水土流失的目的。

二、逐年植被覆盖因子 C 空间分布

选取河南土壤侵蚀试验观测各站点 15°坡度、20 m 坡长、5 m 宽的径流小区 C 值计算结果,进行不同站点不同植被类型逐年植被覆盖因子 C 空间分布分析,结果见表 9-6~ 表 9-14、图 9-6~ 图 9-14。

表 9-6　河南 2012 年植被覆盖因子空间分布

监测站点	小区编号	植被覆盖度 c	植被覆盖因子 C	植被种类
罗山站	小区 5	0.750 0	0.444 1	小麦
南召站	小区 1	0.800 0	0.443 7	栎林
鲁山站	小区 7	0.300 0	0.447 6	荒草
嵩县站	小区 7	0.442 0	0.446 5	红薯
陕州站	小区 7	0.700 0	0.444 5	绿豆

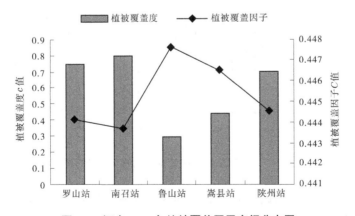

图 9-6　河南 2012 年植被覆盖因子空间分布图

由表9-6、图9-6可以看出,2012年河南植被覆盖度 c 在 0.300 0~0.800 0,多年平均植被覆盖因子 C 在 0.443 7~0.447 6, C 因子最大值在鲁山站、最小值在南召站,荒草植被覆盖因子 C 最大,栎林植被覆盖因子 C 最小,说明相同坡度和坡长条件下南召站栎林种植区抵抗土壤侵蚀能力较强。

表 9-7　河南 2013 年植被覆盖因子空间分布

监测站点	小区编号	植被覆盖度 c	植被覆盖因子 C	植被种类
罗山站	小区 8	0.750 0	0.444 1	小麦
南召站	小区 1	0.800 0	0.443 7	栎林
鲁山站	小区 7	0.800 0	0.443 7	花生
嵩县站	小区 8	0.554 0	0.445 6	红薯
陕州站	小区 5	0.775 0	0.443 9	绿豆

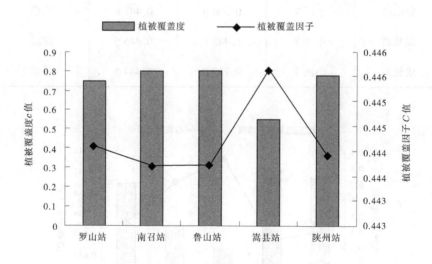

图 9-7　河南 2013 年植被覆盖因子空间分布图

由表9-7、图9-7可以看出,2013年河南植被覆盖度 c 在 0.554 0~0.800 0,多年平均植被覆盖因子 C 在 0.443 7~0.445 6, C 因子最大值在嵩县站,最小值在鲁山站和南召站。红薯植被覆盖因子 C 最大,花生和栎林植被覆盖因子

C 最小,说明相同坡度和坡长条件下农作物植被和乔灌木植被抵抗土壤侵蚀
能力较强。

表 9-8　河南 2014 年植被覆盖因子空间分布

监测站点	小区编号	植被覆盖度 c	植被覆盖因子 C	植被种类
罗山站	小区 8	0.750 0	0.444 1	小麦
南召站	小区 1	0.800 0	0.443 7	栎林
鲁山站	小区 4	0.800 0	0.443 7	花生
嵩县站	小区 8	0.330 0	0.447 4	侧柏
陕州站	小区 5	0.850 0	0.443 3	绿豆

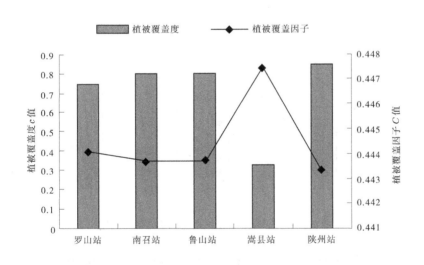

图 9-8　河南 2014 年植被覆盖因子空间分布图

　　由表 9-8、图 9-8 可以看出,2014 年河南植被覆盖度 c 在 0.330 0~0.850 0,
多年平均植被覆盖因子 C 在 0.443 3~0.447 4,C 因子最大值在嵩县站,最小
值在陕州站。侧柏植被覆盖因子 C 最大,绿豆植被覆盖因子 C 最小,说明相
同坡度和坡长条件农作物植被因覆盖度高而抵抗土壤侵蚀能力较强。

表 9-9　河南 2015 年植被覆盖因子空间分布

监测站点	小区编号	植被覆盖度 c	植被覆盖因子 C	植被种类
罗山站	小区 8	0.650 0	0.444 9	小麦
南召站	小区 1	0.800 0	0.443 7	栎林
鲁山站	小区 4	0.800 0	0.443 7	花生
嵩县站	小区 8	0.416 7	0.446 7	杏树
陕州站	小区 5	0.750 0	0.444 1	红薯

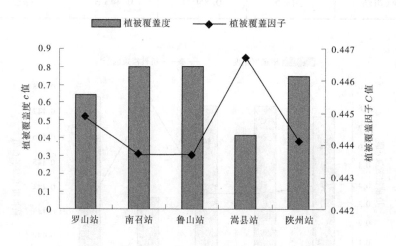

图 9-9　河南 2015 年植被覆盖因子空间分布图

由表 9-9、图 9-9 可以看出,2015 年河南植被覆盖度 c 在 0.416 7~0.800 0,多年平均植被覆盖因子 C 在 0.443 7~0.446 7,C 因子最大值在嵩县站,最小值在鲁山站和南召站。杏树植被覆盖因子 C 最大,花生和栎林植被覆盖因子 C 最小,说明相同坡度和坡长条件下高覆盖度农作物与乔灌植被抵抗土壤侵蚀能力较果树植被强。

表 9-10　河南 2016 年植被覆盖因子空间分布

监测站点	小区编号	植被覆盖度 c	植被覆盖因子 C	植被种类
罗山站	小区 8	0.690 0	0.444 6	小麦
南召站	小区 1	0.800 0	0.443 7	栎林
鲁山站	小区 4	0.850 0	0.443 3	花生
嵩县站	小区 8	0.460 0	0.446 4	杏树
陕州站	小区 5	0.700 0	0.444 5	红薯

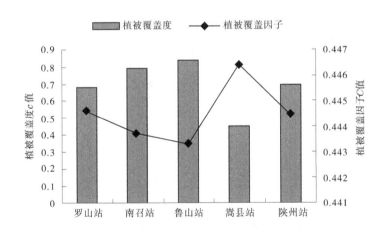

图 9-10　河南 2016 年植被覆盖因子空间分布图

由表 9-10、图 9-10 可以看出,2016 年河南植被覆盖度 c 在 0.460 0~0.850 0,多年平均植被覆盖因子 C 在 0.443 3~0.446 4,C 因子最大值在嵩县站,最小值在鲁山站。杏树植被覆盖因子 C 最大,花生植被覆盖因子 C 最小,说明相同坡度和坡长条件下高覆盖度的农作物植被抵抗土壤侵蚀能力较强。

表 9-11　河南 2017 年植被覆盖因子空间分布

监测站点	小区编号	植被覆盖度 c	植被覆盖因子 C	植被种类
罗山站	小区 8	0.458 3	0.446 4	小麦
南召站	小区 1	0.800 0	0.443 7	栎林
鲁山站	小区 4	0.800 0	0.443 7	花生
嵩县站	小区 8	0.495 0	0.446 1	杏树
陕州站	小区 5	0.200 0	0.448 4	红薯

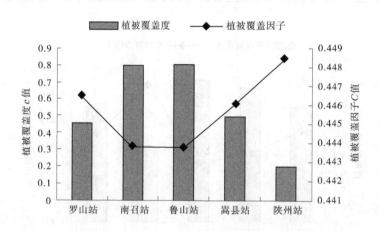

图 9-11　河南 2017 年植被覆盖因子空间分布图

由表 9-11、图 9-11 可以看出,2017 年河南植被覆盖度 c 在 0.200 0~0.800 0,多年平均植被覆盖因子 C 在 0.443 7~0.448 4,C 因子最大值在陕州站,最小值在鲁山站和南召站。红薯植被覆盖因子 C 最大,花生和栎林植被覆盖因子 C 最小,说明相同坡度和坡长条件下植被覆盖度越高,抵抗土壤侵蚀能力越强。

表 9-12　河南 2018 年植被覆盖因子空间分布

监测站点	小区编号	植被覆盖度 c	植被覆盖因子 C	植被种类
罗山站	小区 8	0.385 7	0.447 0	小麦
南召站	小区 1	0.800 0	0.443 7	栎林
鲁山站	小区 4	0.800 0	0.443 7	花生
嵩县站	小区 8	0.700 0	0.444 5	杏树
陕州站	小区 5	0.200 0	0.448 4	红薯

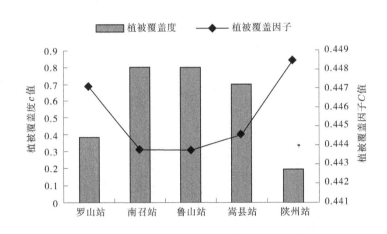

图 9-12　河南 2018 年植被覆盖因子空间分布图

由表 9-12、图 9-12 可以看出,2018 年河南植被覆盖度 c 在 0.200 0~0.800 0,多年平均植被覆盖因子 C 在 0.443 7~0.448 4,C 因子最大值在陕州站,最小值在鲁山站和南召站。红薯植被覆盖因子 C 最大,花生和栎林植被覆盖因子 C 最小,说明相同坡度和坡长条件下植被覆盖度越高,抵抗土壤侵蚀能力越强。

表 9-13　河南 2019 年植被覆盖因子空间分布

监测站点	小区编号	植被覆盖度 c	植被覆盖因子 C	植被种类
罗山站	小区 8	0.637 5	0.445 0	小麦
南召站	小区 1	0.800 0	0.443 7	栎林
鲁山站	小区 4	0.800 0	0.443 7	花生
嵩县站	小区 8	0.900 0	0.442 9	杏树
陕州站	小区 5	0.264 0	0.447 9	红薯

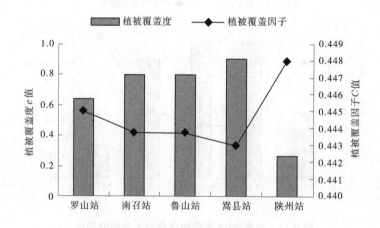

图 9-13　河南 2019 年植被覆盖因子空间分布图

由表 9-13、图 9-13 可以看出,2019 年河南植被覆盖度 c 在 0.264 0～0.900 0,多年平均植被覆盖因子 C 在 0.442 9～0.447 9,C 因子最大值在陕州站,最小值在嵩县站。红薯植被覆盖因子 C 最大,杏树植被覆盖因子 C 最小,说明相同坡度和坡长条件下高覆盖度农作物植被抵抗土壤侵蚀能力较强。

表9-14 河南2020年植被覆盖因子空间分布

监测站点	小区编号	植被覆盖度 c	植被覆盖因子 C	植被种类
罗山站	小区8	0.743 8	0.444 2	小麦
南召站	小区1	0.800 0	0.443 7	栎林
鲁山站	小区4	0.800 0	0.443 7	花生
嵩县站	小区8	0.900 0	0.442 9	杏树
陕州站	小区5	0.234 0	0.448 2	红薯

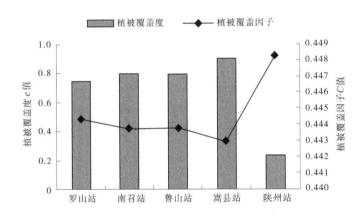

图9-14 河南2020年植被覆盖因子空间分布图

由表9-14、图9-14可以看出,2020年河南植被覆盖度 c 在0.234 0~0.900 0,多年平均植被覆盖因子 C 在0.442 9~0.448 2,C 因子最大值在陕州站,最小值在嵩县站。红薯植被覆盖因子 C 最大,杏树植被覆盖因子 C 最小,说明相同坡度和坡长条件下农作物植被因覆盖度较高而抵抗土壤侵蚀能力较强。

综上分析,河南植被覆盖因子 C 值空间分布稳定,变化较小,陕州站、嵩县站 C 因子值较高,鲁山站 C 因子值较低。植被覆盖度 c 对 C 因子值影响较大,植被稀疏、植被结构简单以及无植被覆盖时 C 因子值高;植被茂密、植被结构复杂时 C 因子值低。

第二节　河南植被覆盖因子 C 年际变化

植被覆盖因子 C 是表征土壤流失量的重要指标,赋值 0~1,为无量纲数,C 值越大对应植被覆盖条件下土壤侵蚀越严重。利用 2012~2020 年天然降雨条件下河南土壤侵蚀试验观测站各径流小区植被覆盖度的实测资料,计算分析不同植被覆盖条件下各径流小区 C 值的年际变化,结果见表 9-15 ~ 表 9-19、图 9-15~图 9-19。

表 9-15　鲁山站植被覆盖因子 C 值逐年变化

小区	2012 年	2013 年	2014 年	2015 年	2016 年	2017 年	2018 年	2019 年	2020 年
小区 1	0.443 7	0.449 8	0.447 2	0.446 5	0.449 6	0.446 5	0.446 5	0.446 5	0.446 5
小区 2	0.444 5	0.443 9	0.443 3	0.443 3	0.446 9	0.443 3	0.443 3	0.443 7	0.443 7
小区 3	0.443 7	0.447 2	0.445 7	0.445 7	0.449 2	0.445 7	0.445 7	0.446 1	0.444 9
小区 4	0.448 4	0.449 4	0.447 6	0.447 6	0.449 3	0.447 6	0.447 6	0.447 6	0.446 1
小区 5	0.447 6	0.447 6	0.448 0	0.446 9	0.449 2	0.446 9	0.446 9	0.447 2	0.446 9
小区 6	0.447 6	0.443 7	0.443 7	0.443 7	0.443 3	0.443 7	0.443 7	0.443 7	0.443 7
小区 7	0.447 6	0.443 7	0.443 7	0.443 7	0.443 3	0.443 7	0.443 7	0.443 7	0.443 7
小区 8	0.447 6	0.449 6	0.448 0	0.447 2	0.449 2	0.447 2	0.447 2	0.444 1	0.443 7
平均值	0.446 4	0.446 9	0.445 9	0.445 6	0.447 5	0.445 6	0.445 6	0.445 3	0.444 9

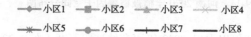

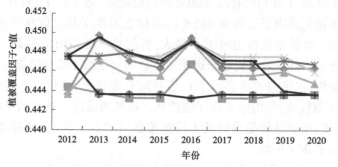

图 9-15　鲁山站植被覆盖因子 C 值逐年变化

表 9-16　陕州站植被覆盖因子 C 值逐年变化

小区	2012 年	2013 年	2014 年	2015 年	2016 年	2017 年	2018 年	2019 年	2020 年
小区 1	0.442 5	0.442 5	0.442 5	0.443 3	0.443 3	0.443 7	0.443 1	0.443 4	0.443 5
小区 2	0.443 7	0.443 5	0.443 3	0.450 0	0.450 0	0.450 0	0.450 0	0.450 0	0.450 0
小区 3	0.444 1	0.443 7	0.443 2	0.443 7	0.444 1	0.447 8	0.447 8	0.447 8	0.448 1
小区 4	0.442 5	0.442 9	0.443 3	0.445 3	0.444 5	0.448 7	0.448 7	0.448 2	0.448 5
小区 5	0.442 5	0.442 6	0.442 6	0.443 7	0.442 9	0.443 8	0.443 2	0.443 7	0.443 5
小区 6	0.443 7	0.443 4	0.443 2	0.450 0	0.450 0	0.450 0	0.450 0	0.450 0	0.450 0
小区 7	0.444 5	0.443 9	0.443 3	0.444 1	0.444 5	0.448 4	0.448 4	0.447 9	0.448 2
小区 8	0.442 9	0.443 9	0.444 9	0.444 9	0.444 5	0.448 7	0.448 7	0.448 2	0.448 8
小区 9	0.442 9	0.442 9	0.442 9	0.444 1	0.443 3	0.443 9	0.443 2	0.443 5	0.443 5
小区 10	0.442 5	0.443 5	0.444 5	0.450 0	0.450 0	0.450 0	0.450 0	0.450 0	0.450 0
小区 11	0.442 5	0.444 5	0.446 5	0.446 9	0.446 9	0.447 4	0.445 4	0.447 0	0.446 0
小区 12	0.442 3	0.442 4	0.442 5	0.442 9	0.442 5	0.445 8	0.443 8	0.444 2	0.443 4
平均值	0.443 1	0.443 3	0.443 6	0.445 7	0.445 5	0.447 4	0.446 8	0.447 0	0.447 0

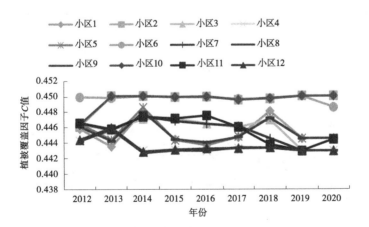

图 9-16　陕州站植被覆盖因子 C 值逐年变化

表 9-17　嵩县站植被覆盖因子 C 值逐年变化

小区	2012 年	2013 年	2014 年	2015 年	2016 年	2017 年	2018 年	2019 年	2020 年
小区 1	0.445 8	0.443 5	0.448 1	0.444 4	0.443 6	0.444 7	0.448 0	0.444 5	0.444 5
小区 2	0.446 1	0.450 0	0.450 0	0.449 9	0.449 9	0.449 5	0.449 7	0.450 0	0.450 0
小区 3	0.446 3	0.445 6	0.447 0	0.447 1	0.446 4	0.446 0	0.446 9	0.442 9	0.442 9
小区 4	0.444 2	0.445 5	0.442 9	0.443 0	0.442 9	0.443 2	0.443 3	0.442 9	0.442 9
小区 5	0.446 4	0.444 3	0.448 5	0.444 3	0.443 7	0.444 8	0.447 1	0.444 5	0.444 5
小区 6	0.449 9	0.449 8	0.450 0	0.449 9	0.449 8	0.449 6	0.449 6	0.450 0	0.448 5
小区 7	0.446 5	0.445 6	0.447 4	0.446 7	0.446 4	0.446 1	0.444 5	0.442 9	0.442 9
小区 8	0.444 2	0.445 7	0.442 7	0.443 0	0.442 9	0.443 4	0.443 3	0.442 9	0.442 9
小区 9	0.446 1	0.444 2	0.448 0	0.444 4	0.444 0	0.444 7	0.447 2	0.444 5	0.444 5
小区 10	0.446 3	0.450 0	0.450 0	0.449 9	0.449 9	0.449 5	0.449 7	0.450 0	0.450 0
小区 11	0.446 5	0.445 7	0.447 3	0.447 1	0.447 5	0.446 0	0.443 7	0.442 9	0.444 4
小区 12	0.444 3	0.445 9	0.442 8	0.443 1	0.443 2	0.443 2	0.443 3	0.442 9	0.442 9
平均值	0.446 1	0.446 3	0.447 1	0.446 1	0.445 9	0.445 9	0.446 4	0.445 1	0.445 1

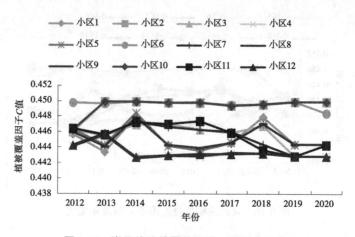

图 9-17　嵩县站植被覆盖因子 C 值逐年变化

表 9-18　南召站植被覆盖因子 *C* 值逐年变化

小区	2012 年	2013 年	2014 年	2015 年	2016 年	2017 年	2018 年	2019 年	2020 年
小区 1	0.443 7	0.443 7	0.443 7	0.443 7	0.443 7	0.443 7	0.443 7	0.443 7	0.443 7
小区 2	0.443 7	0.444 1	0.444 5	0.444 5	0.444 5	0.444 5	0.444 5	0.444 5	0.444 5
小区 3	0.445 3	0.445 3	0.445 3	0.445 3	0.445 3	0.445 3	0.445 3	0.445 3	0.445 3
平均值	0.444 2	0.444 4	0.444 5	0.444 5	0.444 5	0.444 5	0.444 5	0.444 5	0.444 5

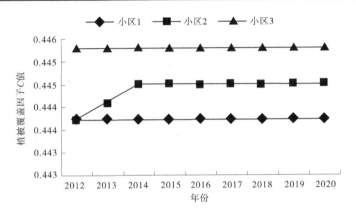

图 9-18　南召站植被覆盖因子 *C* 值逐年变化

表 9-19　罗山站植被覆盖因子 *C* 值逐年变化

小区	2012 年	2013 年	2014 年	2015 年	2016 年	2017 年	2018 年	2019 年	2020 年
小区 1	0.443 3	0.447 2	0.447 2	0.445 3	0.445 6	0.446 7	0.447 2	0.444 5	0.444 4
小区 2	0.443 3	0.447 6	0.447 6	0.446 9	0.446 7	0.446 5	0.446 7	0.446 8	0.446 6
小区 3	0.443 3	0.447 6	0.447 6	0.447 2	0.446 5	0.446 4	0.446 7	0.446 8	0.446 6
小区 4	0.443 3	0.446 9	0.446 9	0.446 9	0.446 7	0.446 7	0.446 9	0.447 0	0.446 8
小区 5	0.444 1	0.444 1	0.444 1	0.444 9	0.444 6	0.446 4	0.447 0	0.445 0	0.444 2
小区 6	0.443 3	0.447 2	0.447 2	0.447 2	0.446 9	0.446 7	0.446 7	0.446 8	0.446 6
小区 7	0.443 3	0.446 9	0.446 9	0.446 9	0.446 7	0.446 4	0.446 5	0.446 5	0.446 6
小区 8	0.443 3	0.447 6	0.447 6	0.447 2	0.446 9	0.446 9	0.446 5	0.446 5	0.446 9
平均值	0.443 4	0.446 9	0.446 9	0.446 6	0.446 3	0.446 6	0.446 8	0.446 2	0.446 1

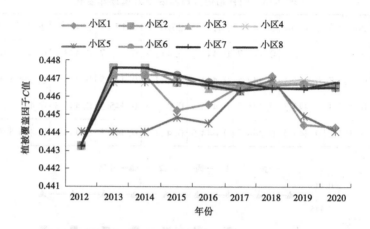

图 9-19　罗山站植被覆盖因子 C 值逐年变化

由表 9-15~表 9-19、图 9-15~图 9-19 可以看出,河南植被覆盖因子 C 值年际变化较小,鲁山站在 0.444 0~0.447 9,陕州站在 0.443 2~0.448 4,嵩县站在 0.443 3~0.449 9,南召站在 0.443 7~0.445 3,罗山站在 0.444 9~0.446 6,同一站点不同径流小区的 C 值差异由不同植被覆盖度和不同植被类型造成。

第三节　不同用地类型径流小区土壤侵蚀

不同的土地利用方式会影响植被覆盖因子 C 值,土地利用越合理 C 值越小。土地受植被类型、侵蚀环境和人为扰动的影响,引起地表植被、土壤微生物的活动发生变化,导致不同土地利用条件下的土壤侵蚀也产生较大差异,从表 9-20 可以看出,各站点不同径流小区不同用地类型土壤侵蚀量、土壤侵蚀模数存在较大差异。

表 9-20　不同用地类型小区土壤侵蚀情况

用地类型	小区个数	平均土壤侵蚀量/ (t/hm^2)	平均土壤侵蚀模数/ $[t/(km^2 \cdot a)]$	侵蚀等级
林地	16	3.923	1 370.843	轻度侵蚀
农地	13	8.278	1 140.950	轻度侵蚀
草地	8	1.609	374.737	轻度侵蚀
裸地	6	23.204	5 773.079	中度侵蚀

从各站点径流小区不同土地利用类型的侵蚀情况来看,裸地、农地是区域侵蚀产沙的主要来源,其他土地利用类型侵蚀量占比较小。其中,裸地的侵蚀量最大,侵蚀量占比达 62.69%;农地的侵蚀量仅次于裸地,侵蚀量占比为 22.36%;说明河南大部分土壤侵蚀发生在裸地和农地上;林地侵蚀量占比小于农地,侵蚀量占比为 10.60%;草地的侵蚀量最小,侵蚀量占比为 4.35%。

从各站点径流小区侵蚀模数来看,裸地侵蚀模数为 5 773.079 $t/(km^2 \cdot a)$,林地侵蚀模数为 1 370.843 $t/(km^2 \cdot a)$,农地土壤侵蚀模数为 1 140.950 $t/(km^2 \cdot a)$,草地侵蚀模数为 374.737 $t/(km^2 \cdot a)$。表明草地的水土保持效果最好,没有人类活动对地表的扰动,土壤侵蚀强度较小。林地平均土壤侵蚀量小于农地但土壤侵蚀模数却大于农地,说明林地虽然有着较好的减少土壤侵蚀、防治水土流失效果,但由于河南地区林地多分布在 15°~31° 的陡坡,在计算土壤侵蚀模数时考虑了地形因子的影响,故侵蚀模数较大。

第四节　小　结

(1)根据植被覆盖因子 C 值与植被覆盖度相关分析的算法,利用实测数据对 C 因子进行评价。鲁山站、陕州站、嵩县站、南召站、济源站、罗山站 C 值分别为 0.446 0、0.445 8、0.446 0、0.444 5、0.446 2,自东南向西北呈减小趋势,说明河南东南部地区植被抵御土壤侵蚀能力较强、西北地区较弱。

(2)河南荆条覆盖径流小区年 C 值为 0.443 4,花生覆盖径流小区年 C 值为 0.444 1,芝麻/花生覆盖径流小区年 C 值为 0.444 1,柞草覆盖径流小区年 C 值为 0.444 4,自然植被覆盖径流小区年 C 值为 0.445 2,小麦覆盖径流小区年 C 值为 0.444 9,黄豆/玉米/花生/红薯覆盖径流小区年 C 值为 0.445 2,马尾松覆盖径流小区年 C 值为 0.445 3,红薯/侧柏/杏树覆盖径流小区年 C 值为 0.445 5,栎林覆盖径流小区年 C 值为 0.445 8,苜蓿覆盖径流小区年 C 值为 0.446 0,油松/柏树覆盖径流小区年 C 值为 0.446 0,红薯/绿豆覆盖径流小区年 C 值为 0.446 2,花生/核桃覆盖径流小区年 C 值为 0.447 0,榨墩覆盖径流小区年 C 值为 0.447 1,侧柏覆盖径流小区年 C 值为 0.447 5,空地覆盖径流小区年 C 值为 0.449 1,C 值不同表明不同植被覆盖对土壤的防护作用不同,合理选择植被类型对防治水土流失有重要的作用。

(3)采用实测数据对植被覆盖因子 C 值与植被覆盖度相关分析的算法计算 C 值。在相同降雨侵蚀力条件下,地表不同植被类型下的植被覆盖因子具有一定差异,表现为马鞭草科(荆条)和豆科植物(花生)种植条件下植被覆盖因子最小,空地植被覆盖因子最大。

(4)河南植被情况较为稳定,植被覆盖因子 C 值年际变化较小;不同植被类型植被覆盖因子 C 值具有一定差异,马鞭草科(荆条)和豆科植物(花生)种植条件下植被覆盖因子 C 值最小,水土保持效益最好。应以改善土壤表层覆盖程度为目标,通过优化种植模式、合理配置植被类型和组合方式,以达到土壤可持续利用、有效防治水土流失的目的。

(5)不同土地利用类型下的植被覆盖、微地貌特征、水土保持效应存在差异性,从而影响地表径流和土壤侵蚀过程。不同土地利用类型的 C 值变化,主要是由于不同的植被覆盖情况导致的,河南各站点不同植被覆盖径流小区的植被覆盖因子 C 值计算结果为:荆条<花生<芝麻/花生<柞草<自然植被<小麦<黄豆/玉米/花生<红薯<马尾松<红薯/侧柏<杏树<栎林<苜蓿<油松/柏树<红薯/绿豆<花生<核桃<榨墩<侧柏<空地,说明不同植被类型的水土保持功效有所不同。

(6)河南植被覆盖因子 C 值空间分布稳定,变化较小;陕州站、嵩县站 C 值较高,鲁山站 C 值较低。植被覆盖度 c 对 C 因子值影响较大,植被稀疏、植被结构简单及无植被覆盖时 C 因子值高;植被茂密、植被结构复杂时 C 因子值低。

第十章　水土保持措施因子 *P* 特征

水土保持措施主要包括生物措施、工程措施和耕作措施三大类,防治措施类型不同,保水保土效果各异,其适宜地区和地形条件也有明显区别。水土保持措施主要是通过调整水流形态、斜坡坡度和表面汇流方向,来减少径流量、降低径流速率等,以达到减轻土壤侵蚀的效果。

计算水土保持措施因子 *P* 的方法有多种,黄杰等[106]比较了各种方法的优缺点。本书研究采用修正通用土壤流失方程(RUSLE)水土保持措施因子 *P* 值公式进行计算。水土保持措施因子 *P* 无量纲,取值在 0~1,*P* 值为 0 代表防治措施很好,基本不发生侵蚀的地区;而 *P* 值为 1 代表未采取任何水土保持措施,侵蚀剧烈。

第一节　河南水土保持措施因子 *P* 空间分异

利用河南土壤侵蚀试验观测各站点 2012~2020 年各径流小区实测数据,各站点不同径流小区 *P* 值计算结果见表 10-1~表 10-5、图 10-1~图 10-5,对照小区 *P* 值设为 1。

表 10-1　罗山站径流小区水土保持措施因子

小区编号	*P* 因子值	水土保持措施
小区 1	0.719 7	坡耕地
小区 2	0.475 0	等高种植
小区 3	0.360 6	等高种植
小区 4	0.330 2	梯带
小区 5	1.000 0	对照小区
小区 6	0.481 6	等高种植
小区 7	0.513 4	等高种植
小区 8	0.404 2	梯带
平均值	0.535 6	

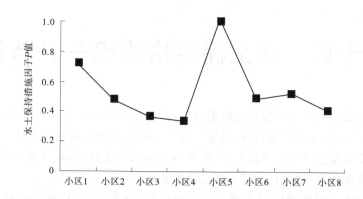

图 10-1　罗山站径流小区水土保持措施因子分异图

　　由表 10-1、图 10-1 可以看出,罗山站工程措施(梯带)的 P 值最小为 0.330 2;坡耕地的 P 值最大达 0.719 7,平均 P 值为 0.535 6。说明罗山站万河小流域实施工程措施(梯带)的水土保持效果较好。

表 10-2　南召站径流小区水土保持措施因子

小区编号	P 因子值	水土保持措施
小区 1	0.089 7	工程措施(梯田)
小区 2	0.361 4	工程措施(谷坊)
小区 3	1.000 0	对照小区
平均值	0.483 7	

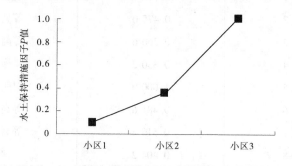

图 10-2　南召站径流小区水土保持措施因子分异图

由表 10-2、图 10-2 可以看出,南召站工程措施(梯田)的 P 值最小为 0.089 7,工程措施(谷坊)的 P 值最大为 0.361 4,平均 P 值为 0.483 7。说明南召站新寺沟小流域实施工程措施(梯田)的水土保持效果较好。

表 10-3　鲁山站径流小区水土保持措施因子

小区编号	P 因子值	水土保持措施
小区 1	0.246 2	工程措施(水平阶)
小区 2	0.148 6	工程措施(水平梯田)
小区 3	0.151 8	工程措施(水平阶)
小区 4	0.288 6	植物措施(栎树)
小区 5	0.249 1	植物措施(侧柏)
小区 6	0.263 1	等高耕作(花生)
小区 7	1.000 0	对照小区
小区 8	0.275 4	植物措施(榨墩)
平均值	0.327 9	

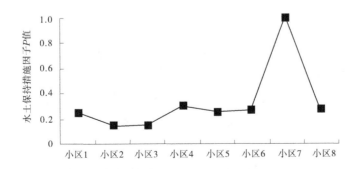

图 10-3　鲁山站径流小区水土保持措施因子分异图

　　由表 10-3、图 10-3 可以看出，鲁山站工程措施(水平梯田)的 P 值最小为 0.148 6；植物措施(栎树)的 P 值最大达 0.288 6，平均 P 值为 0.327 9。说明鲁山站迎河小流域实施工程措施(水平梯田)的水土保持效果最好。

表 10-4　嵩县站径流小区水土保持措施因子

小区编号	P 因子值	水土保持措施
小区 1	0.360 5	农地(无)
小区 2	1.000 0	裸地(无)
小区 3	0.186 7	植物措施(杏树)
小区 4	0.033 1	自然植被(杂草)
小区 5	0.445 4	农地(无)
小区 6	1.000 0	裸地(无)
小区 7	0.212 1	植物措施(杏树)
小区 8	0.043 4	自然植被(杂草)
小区 9	0.525 1	农地(花生)
小区 10	1.000 0	裸地(无)
小区 11	0.203 6	植物措施(杏树)
小区 12	0.052 3	自然植被(杂草)
平均值	0.421 9	

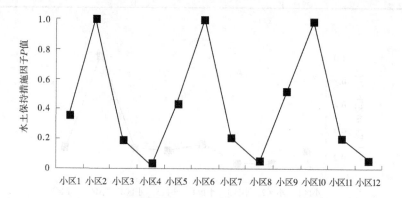

图 10-4　嵩县站径流小区水土保持措施因子分异图

　　由表 10-4、图 10-4 可以看出,嵩县站自然植被(杂草)的 P 值最小为 0.033 1;农地(花生)的 P 值最大达 0.525 1,平均 P 值为 0.421 9。说明嵩县站胡沟小流域实施自然植被(草)的水土保持效果较好,生态系统调节和恢复能力较强。

表 10-5　陕州站径流小区水土保持措施因子

小区编号	P 因子值	水土保持措施
小区 1	0.014 2	自然植被(杂草)
小区 2	1.000 0	无(裸地)
小区 3	0.103 6	等高耕作(红薯)
小区 4	0.300 6	等高耕作(绿豆)
小区 5	0.019 8	自然植被(杂草)
小区 6	1.000 0	无(裸地)
小区 7	0.382 9	等高耕作(红薯)
小区 8	0.459 3	等高耕作(绿豆)
小区 9	0.017 0	自然植被(杂草)
小区 10	1.000 0	无(裸地)
小区 11	0.152 6	植物措施(苜蓿)
小区 12	0.013 0	植物措施(荆条)
平均值	0.371 9	

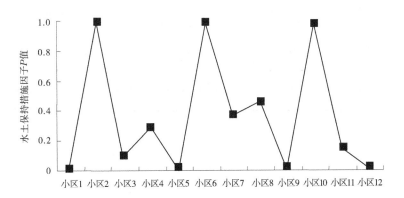

图 10-5　陕州站径流小区水土保持措施因子分异图

由表 10-5、图 10-5 可以看出,陕州站植物措施(荆条)的 P 值最小为 0.013 0;等高耕作(绿豆)的 P 值最大达 0.459 3,平均 P 值为 0.371 9。说明陕州站金水河小流域实施植物措施(荆条)的水土保持效果较好。

第二节　河南水土保持措施因子 P 年际变化

通过计算分析,河南土壤侵蚀试验观测各站点径流小区多年平均水土保持措施因子 P 值 2012~2020 年变化结果见表 10-6~表 10-10、图 10-6~图 10-10。

表 10-6　罗山站水土保持措施因子逐年变化

小区	2012 年	2013 年	2014 年	2015 年	2016 年	2017 年	2018 年	2019 年	2020 年
小区 1	0.036 3	0.220 4	0.865 5	0.918 9	0.811 1	0.816 1	0.779 5	0.877 7	0.798 2
小区 2	0.458 7	0.466 7	0.458 0	0.497 1	0.418 2	0.498 9	0.523 4	0.434 8	0.493 9
小区 3	0.422 0	0.376 9	0.276 0	0.205 9	0.347 4	0.400 5	0.373 9	0.315 2	0.459 2
小区 4	0.385 3	0.354 5	0.262 0	0.237 7	0.286 7	0.332 7	0.329 2	0.418 9	0.321 2
小区 5	1.000 0	1.000 0	1.000 0	1.000 0	1.000 0	1.000 0	1.000 0	1.000 0	1.000 0
小区 6	0.013 1	0.120 1	0.569 6	0.526 1	0.613 8	0.653 3	0.450 2	0.533 2	0.581 1
小区 7	0.832 2	0.749 2	0.430 5	0.434 3	0.426 6	0.567 2	0.341 6	0.413 6	0.578 3
小区 8	0.090 4	0.149 1	0.465 8	0.371 6	0.561 6	0.513 2	0.219 5	0.626 3	0.447 1
平均值	0.404 8	0.429 6	0.540 9	0.524 0	0.558 2	0.597 7	0.502 2	0.577 5	0.584 9

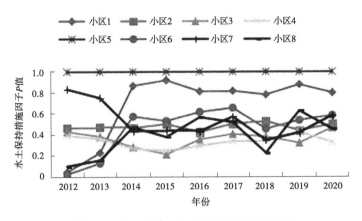

图 10-6　罗山站水土保持措施因子逐年变化

表 10-7　南召站水土保持措施因子逐年变化

小区	2012 年	2013 年	2014 年	2015 年	2016 年	2017 年	2018 年	2019 年	2020 年
小区 1	0.043 7	0.036 5	0.022 6	0.022 8	0.023 0	0.044 0	0.144 1	0.110 0	0.240 4
小区 2	0.115 0	0.158 2	0.241 9	0.328 9	0.390 8	0.120 9	0.792 8	0.600 0	0.268 4
小区 3	1.000 0	1.000 0	1.000 0	1.000 0	1.000 0	1.000 0	1.000 0	1.000 0	1.000 0
平均值	0.386 2	0.398 2	0.421 5	0.450 6	0.471 3	0.388 3	0.645 6	0.570 0	0.502 9

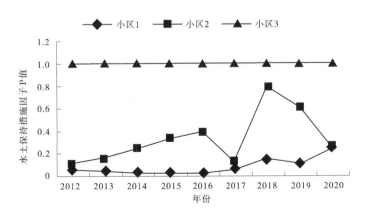

图 10-7　南召站水土保持措施因子逐年变化

表 10-8　鲁山站水土保持措施因子逐年变化

小区	2012 年	2013 年	2014 年	2015 年	2016 年	2017 年	2018 年	2019 年	2020 年
小区 1	0.761 9	0.032 2	0.072 1	0.242 2	0.020 2	0.075 6	0.147 0	0.299 4	0.387 1
小区 2	0.159 5	0.008 2	0.005 7	0.041 7	0.018 3	0.058 0	0.151 6	0.294 8	0.349 6
小区 3	0.194 6	0.009 8	0.039 7	0.082 2	0.019 9	0.019 4	0.206 7	0.270 6	0.341 6
小区 4	1.000 0	0.022 6	0.054 3	0.279 4	0.020 4	0.275 9	0.174 6	0.255 5	0.271 3
小区 5	0.227 9	0.011 5	0.007 7	0.059 2	0.020 4	0.162 6	0.201 2	0.554 9	0.544 3
小区 6	0.250 9	0.012 7	0.177 5	0.226 6	0.084 2	0.019 7	0.957 9	0.249 0	0.255 4
小区 7	0.198 2	1.000 0	1.000 0	1.000 0	1.000 0	1.000 0	1.000 0	1.000 0	1.000 0
小区 8	0.124 8	0.234 7	0.078 6	0.103 5	0.331 5	0.035 4	0.156 2	0.380 0	0.514 8
平均值	0.364 7	0.166 5	0.179 4	0.254 3	0.189 4	0.205 8	0.374 4	0.413 0	0.458 0

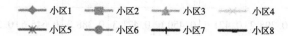

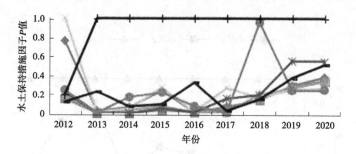

图 10-8　鲁山站水土保持措施因子逐年变化

表 10-9　嵩县站水土保持措施因子逐年变化

小区	2012 年	2013 年	2014 年	2015 年	2016 年	2017 年	2018 年	2019 年	2020 年
小区 1	0.977 4	0.010 1	0.113 7	0.120 1	0.193 5	0.672 8	0.525 3	0.510 3	0.121 4
小区 2	1.000 0	1.000 0	1.000 0	1.000 0	1.000 0	1.000 0	1.000 0	1.000 0	1.000 0
小区 3	0.220 3	0.013 9	0.072 4	0.579 9	0.261 1	0.140 3	0.303 5	0.073 3	0.015 8
小区 4	0.175 1	0.010 6	0.035 6	0.019 7	0.004 9	0.003 4	0.038 9	0.004 0	0.005 4
小区 5	0.480 2	0.022 0	0.105 8	0.430 4	0.319 6	0.438 0	0.818 6	0.746 2	0.648 0
小区 6	1.000 0	1.000 0	1.000 0	1.000 0	1.000 0	1.000 0	1.000 0	1.000 0	1.000 0
小区 7	0.299 4	0.040 9	0.111 5	0.255 1	0.826 0	0.269 2	0.070 8	0.026 9	0.008 8
小区 8	0.265 5	0.015 7	0.063 5	0.015 8	0.005 1	0.003 8	0.009 7	0.003 8	0.008 0
小区 9	0.502 8	0.013 0	0.680 1	0.083 9	0.474 4	0.515 1	0.828 7	0.756 8	0.871 1
小区 10	1.000 0	1.000 0	1.000 0	1.000 0	1.000 0	1.000 0	1.000 0	1.000 0	1.000 0
小区 11	0.389 8	0.019 1	0.050 7	0.309 1	0.411 8	0.355 6	0.153 4	0.117 9	0.024 9
小区 12	0.401 1	0.017 7	0.027 0	0.004 6	0.002 1	0.002 7	0.009 0	0.002 4	0.003 7
平均值	0.559 3	0.263 6	0.355 0	0.401 5	0.458 2	0.450 1	0.479 8	0.436 8	0.392 2

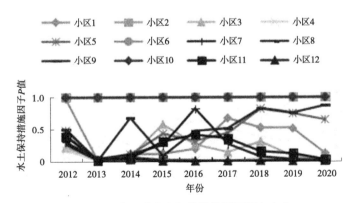

图 10-9　嵩县站水土保持措施因子逐年变化

表 10-10　陕州站水土保持措施因子逐年变化

小区	2012 年	2013 年	2014 年	2015 年	2016 年	2017 年	2018 年	2019 年	2020 年
小区 1	0.012 4	0.012 5	0.019 3	0.012 1	0.015 5	0.015 8	0.016 5	0.013 2	0.008 9
小区 2	1.000 0	0.338 8	1.000 0	1.000 0	1.000 0	1.000 0	1.000 0	1.000 0	1.000 0
小区 3	0.226 7	0.135 7	0.066 7	0.028 5	0.043 6	0.081 9	0.290 7	0.044 3	0.046 3
小区 4	0.131 5	0.071 1	0.015 1	0.062 6	0.697 8	0.713 0	0.600 8	0.086 9	0.097 1
小区 5	0.015 5	0.012 6	0.011 2	0.049 9	0.021 7	0.019 3	0.019 5	0.013 7	0.007 8
小区 6	1.000 0	0.437 2	1.000 0	1.000 0	1.000 0	1.000 0	1.000 0	1.000 0	1.000 0
小区 7	0.962 8	0.690 9	0.474 8	0.104 0	0.139 5	0.253 9	0.427 8	0.398 4	0.302 1
小区 8	0.302 3	0.378 6	0.521 6	0.655 6	0.459 3	0.765 6	0.251 5	0.160 9	0.557 2
小区 9	0.003 1	0.006 4	0.009 7	0.022 9	0.015 8	0.019 1	0.015 9	0.033 6	0.016 0
小区 10	1.000 0	1.000 0	1.000 0	1.000 0	1.000 0	1.000 0	1.000 0	1.000 0	1.000 0
小区 11	0.012 4	0.203 9	0.398 1	0.272 1	0.437 4	0.038 0	0.018 4	0.029 0	0.015 6
小区 12	0.012 4	0.012 5	0.012 6	0.017 1	0.020 4	0.017 8	0.015 3	0.004 0	0.003 9
平均值	0.389 9	0.275 0	0.377 4	0.352 1	0.404 2	0.410 4	0.388 0	0.315 3	0.337 9

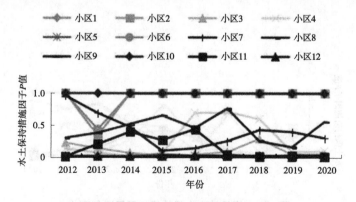

图 10-10　陕州站水土保持措施因子逐年变化

由表 10-6~表 10-10、图 10-6~图 10-10 可以看出,2012~2020 年,罗山站平均 P 值在 0.404 8~0.597 7,最小值出现在 2012 年,最大值出现在 2017 年,水土保持措施因子 P 值有逐年增加趋势。南召站平均 P 值变化范围在 0.386 2~0.645 6,最小值出现在 2012 年,最大值出现在 2018 年,水土保持措施因子 P 值有逐年增加趋势。鲁山站平均 P 值变化范围在 0.166 5~0.458 0,最小值出现在 2013 年,最大值出现在 2020 年,水土保持措施因子 P 值有逐年增加趋势。嵩县站平均 P 值变化范围在 0.263 6~0.559 3,最小值出现在 2013 年,最大值出现在 2012 年,水土保持措施因子 P 值有逐年减小趋势。陕州站平均 P 值变化范围在 0.275 0~0.410 4,最小值出现在 2013 年,最大值出现在 2017 年,水土保持措施因子 P 值有逐年增加趋势。

第三节　不同水土保持措施的土壤侵蚀情况

利用河南 2012~2020 年土壤侵蚀数据与各站点 2012~2020 年不同水土保持措施类型进行叠加分析,得出不同水土保持措施下土壤侵蚀模数和侵蚀强度,见表 10-11。

表 10-11　不同水土保持措施的土壤侵蚀情况

水保措施	类型	土壤侵蚀量/ (t/hm²)	土壤侵蚀模数/ [t/(km²·a)]	侵蚀等级
自然植被	杂草	0.610 8	1.716 4	微度侵蚀
植物措施	荆条	0.512 5	2.896 2	微度侵蚀
	侧柏	1.238 5	28.175 1	微度侵蚀
	栎树	1.845 4	150.436 4	微度侵蚀
	榨墩	3.929 6	226.811 8	轻度侵蚀
	杏树	3.996 2	379.660 9	轻度侵蚀
	苜蓿	5.820 8	729.198 3	轻度侵蚀

续表 10-11

水保措施	类型	土壤侵蚀量/(t/hm²)	土壤侵蚀模数/[t/(km²·a)]	侵蚀等级
耕作措施	梯带	4.371 7	271.586 3	轻度侵蚀
	等高种植	7.744 1	891.847 8	轻度侵蚀
	坡耕地	10.415 8	1 613.183 1	轻度侵蚀
工程措施	水平阶	0.781 0	39.624 0	微度侵蚀
	梯田	0.680 8	65.406 2	微度侵蚀
	谷坊	6.179 3	4 961.315 8	中度侵蚀
裸地	无	23.203 8	5 773.078 7	强度侵蚀

由表 10-11 可以看出,不同水土保持措施类型径流小区土壤侵蚀状况存在着较大差异,无任何水保措施的裸地小区土壤侵蚀量和土壤侵蚀模数最大,自然植被(杂草)小区土壤侵蚀量和土壤侵蚀模数最小。植物措施小区侵蚀强度:苜蓿>杏树>榨墩>栎树>侧柏>荆条;耕作措施小区侵蚀强度:坡耕地>等高耕作>梯带;工程措施小区侵蚀强度:谷坊>梯田>水平阶。

第四节　小　结

(1)基于 RUSLE 模型 P 因子计算原理,鲁山站、陕州站、嵩县站、南召站、罗山站水土保持措施因子 P 值分别为 0.327 9、0.371 9、0.421 9、0.483 7、0.535 6,自东南向西北逐渐减小。

(2)采用修正通用土壤流失方程(RUSLE)水土保持措施因子公式计算 P 值,P 无量纲,赋值在 0~1,P 值为 0 代表防治措施很好,基本不发生侵蚀的地区;而 P 值为 1 代表未采取任何水土保持措施,侵蚀剧烈。

(3)2012~2020 年,罗山站平均 P 值在 0.404 8~0.597 7,最小值出现在 2012 年,最大值出现在 2017 年,水土保持措施因子 P 值有逐年增加趋势。南召站平均 P 值在 0.386 2~0.645 6,最小值出现在 2012 年,最大值出现在 2018 年,水土保持措施因子 P 值有逐年增加趋势。鲁山站平均 P 值在

0. 166 5~0. 458 0,最小值出现在 2013 年,最大值出现在 2020 年,水土保持措施因子 P 值有逐年增加趋势。嵩县站平均 P 值在 0. 263 6~0. 559 3,最小值出现在 2013 年,最大值出现在 2012 年,水土保持措施因子 P 值有逐年减小趋势。陕州站平均 P 值在 0. 275 0~0. 410 4,最小值出现在 2013 年,最大值出现在 2017 年,水土保持措施因子 P 值有逐年增加趋势。

(4)罗山站、南召站、鲁山站、嵩县站、陕州站平均土壤侵蚀模数分别为 720. 477 4 t/(km² · a)、6 680. 726 6 t/(km² · a)、505. 716 7 t/(km² · a)、1 724. 488 0 t/(km² · a)、1 988. 050 9 t/(km² · a);P 因子及侵蚀模数整体上自东南向西北呈减小趋势。

第十一章　河南各站点土壤侵蚀模数变化特征

　　土壤侵蚀导致坡面表土层不断流失,土层变薄,造成坡面砾石化和土壤粗骨化,最终导致土壤退化。土壤侵蚀模数可较好地反映不同空间位置上土壤侵蚀的强度和潜在侵蚀危险性特征。

　　通过计算求得河南土壤侵蚀试验观测各站点径流小区土壤侵蚀模数,并分析其变化特征,结果见表 11-1~表 11-5、图 11-1~图 11-5。

表 11-1　罗山站多年平均土壤侵蚀模数

小区编号	侵蚀量/(t/hm²)	侵蚀模数/[t/(km²·a)]	侵蚀等级
小区 1	7.967 1	660.153 3	轻度侵蚀
小区 2	6.203 3	307.948 6	轻度侵蚀
小区 3	4.961 7	201.163 7	轻度侵蚀
小区 4	4.392 1	156.280 6	微度侵蚀
小区 5	12.864 4	2 566.212 8	中度侵蚀
小区 6	5.359 0	600.853 9	轻度侵蚀
小区 7	7.187 0	884.314 2	轻度侵蚀
小区 8	4.351 3	386.891 9	轻度侵蚀
平均值	6.660 7	720.477 4	轻度侵蚀

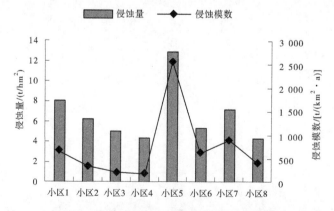

图 11-1　罗山站多年平均土壤侵蚀模数折线图

表 11-2　南召站多年平均土壤侵蚀模数

小区编号	侵蚀量/(t/hm²)	侵蚀模数/[t/(km²·a)]	侵蚀等级
小区 1	0.762 0	119.548 2	微度侵蚀
小区 2	3.387 1	2 258.399 4	轻度侵蚀
小区 3	8.971 4	17 664.232 2	极强度侵蚀
平均值	4.373 5	6 680.726 6	强度侵蚀

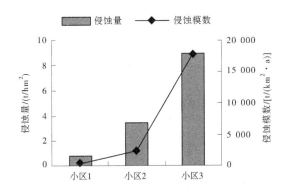

图 11-2　南召站多年平均土壤侵蚀模数折线图

表 11-3　鲁山站多年平均土壤侵蚀模数

小区编号	侵蚀量/(t/hm²)	侵蚀模数/[t/(km²·a)]	侵蚀等级
小区 1	1.065 0	64.944 5	微度侵蚀
小区 2	0.599 6	11.264 1	微度侵蚀
小区 3	0.497 0	14.303 6	微度侵蚀
小区 4	1.845 4	150.436 4	微度侵蚀
小区 5	1.238 5	28.175 1	微度侵蚀
小区 6	1.512 2	41.666 0	微度侵蚀
小区 7	19.709 5	3 508.132 3	中度侵蚀
小区 8	3.929 6	226.811 8	轻度侵蚀
平均值	3.799 6	505.716 7	轻度侵蚀

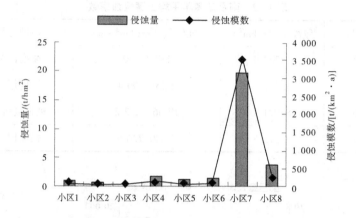

图 11-3　鲁山站多年平均土壤侵蚀模数折线图

表 11-4　嵩县站多年平均土壤侵蚀模数

小区编号	侵蚀量/(t/hm²)	侵蚀模数/[t/(km²·a)]	侵蚀等级
小区 1	6.533 6	274.790 9	轻度侵蚀
小区 2	15.887 3	1 700.816 4	轻度侵蚀
小区 3	2.229 6	52.512 3	微度侵蚀
小区 4	0.472 2	0.270 2	微度侵蚀
小区 5	7.341 0	872.417 9	轻度侵蚀
小区 6	14.674 7	3 129.460 6	中度侵蚀
小区 7	3.682 6	397.680 1	轻度侵蚀
小区 8	0.656 2	0.741 6	微度侵蚀
小区 9	14.157 0	3 509.011 1	中度侵蚀
小区 10	27.164 9	10 066.419 4	极强度侵蚀
小区 11	6.076 4	688.790 4	轻度侵蚀
小区 12	0.951 6	0.945 4	微度侵蚀
平均值	8.318 9	1 724.488 0	轻度侵蚀

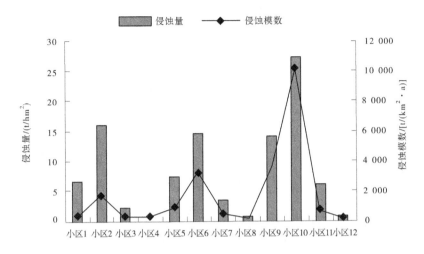

图 11-4　嵩县站多年平均土壤侵蚀模数折线图

表 11-5　陕州站多年平均土壤侵蚀模数

小区编号	侵蚀量/(t/hm²)	侵蚀模数/[t/(km²·a)]	侵蚀等级
小区 1	0.381 3	0.585 0	微度侵蚀
小区 2	22.208 6	2 280.652 3	微度侵蚀
小区 3	3.036 8	61.630 2	微度侵蚀
小区 4	9.738 5	615.658 4	微度侵蚀
小区 5	0.598 8	3.512 4	微度侵蚀
小区 6	23.054 8	4 632.351 5	轻度侵蚀
小区 7	10.435 8	1 207.842 1	微度侵蚀
小区 8	13.222 9	1 489.268 2	微度侵蚀
小区 9	0.604 6	4.243 9	微度侵蚀
小区 10	36.232 7	12 828.771 9	极强度侵蚀
小区 11	5.820 8	729.198 3	轻度侵蚀
小区 12	0.512 5	2.896 2	微度侵蚀
平均值	10.487 3	1 988.050 9	轻度侵蚀

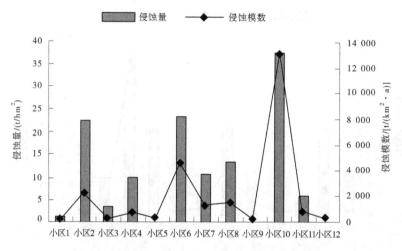

图 11-5　陕州站多年平均土壤侵蚀模数折线图

　　由表 11-1～表 11-5、图 11-1～图 11-5 可以看出,罗山站土壤侵蚀模数在 156.280 6～2 566.212 8 t/(km² · a),平均土壤侵蚀模数为 720.477 4 t/(km² · a),属于轻度侵蚀。南召站土壤侵蚀模数在 119.548 2～17 664.232 2 t/(km² · a),平均土壤侵蚀模数为 6 680.726 6 t/(km² · a),属于强度侵蚀。鲁山站土壤侵蚀模数在 11.264 1～3 508.132 3 t/(km² · a),平均土壤侵蚀模数为 505.716 7 t/(km² · a),属于轻度侵蚀。嵩县站土壤侵蚀模数在 0.270 2～10 066.419 4 t/(km² · a),平均土壤侵蚀模数为 1 724.488 0 t/(km² · a),属于轻度侵蚀。陕州站土壤侵蚀模数在 0.585 0～12 828.771 9 t/(km² · a),平均土壤侵蚀模数为 1 988.050 9 t/(km² · a),属于轻度侵蚀。

第十二章　研究结论与展望

土壤侵蚀产生水土流失是造成生态环境脆弱的重要因素,分析土壤侵蚀因子特征及其变化,对有效防治水土流失、保护和改善生态环境具有重要意义。

运用土壤侵蚀原理、水土保持学、地理学等学科理论知识和试验观测、统计分析、侵蚀模型等方法,利用河南罗山站、南召站、鲁山站、嵩县站、陕州站、济源站等 6 个水土流失监测与土壤侵蚀观测站点 1982～2020 年原始观测数据,通过对土壤侵蚀因子 R、LS、K、C、P 计算,分析河南土壤侵蚀因子时空变化特征。

一、降雨侵蚀力因子 R 时空变化特征

利用河南 6 个水土保持监测站 1983～2020 年地面雨量站的降雨实测资料,采用卜兆宏的汛期降雨量和 30 min 最大雨强对各站点的逐年降雨侵蚀力进行评价,由此计算得到河南 1983～2020 年逐年和多年平均降雨侵蚀力,在此基础上分析河南降雨侵蚀力的空间分布特征,然后采用离差系数(C_v)和趋势系数(r)的方法对降雨侵蚀力的时间变化特征进行分析,所得主要结论如下:

(1)应用汛期降雨量和 30 min 最大雨强的简易算法计算河南降雨侵蚀力因子(R),河南按 R 值大小可分为高值区[大于 330 MJ·mm/(hm²·h·a)]、中值区[240～330 MJ·mm/(hm²·h·a)]、低值区[小于 240 MJ·mm/(hm²·h·a)]。

(2)利用 6 个观测站点 1982～1990 年、2012～2020 年降雨观测数据,计算得到河南地区 R 值在 186.21～403.71 MJ·mm/(hm²·h·a),平均值 281.38 MJ·mm/(hm²·h·a),降雨侵蚀力因子 R 整体自东南向西北呈减少趋势。南召站、罗山站为 R 高值区,南召站 R 值最大 403.71 MJ·mm/(hm²·h·a),济源站、鲁山站为 R 中值区,嵩县站、陕州站为 R 低值区,陕州站 R 值最小

186.21 MJ·mm/(hm² · h · a)。

（3）从时间变化过程来看,1987～1990年 R 值波动较小,2015年之后 R 值波动显著;2017年 R 平均值最大580.95 MJ·mm/(hm² · h · a),罗山站高达944.03 MJ·mm/(hm² · h · a);2015年 R 平均值最小134.00 MJ·mm/(hm² · h · a),鲁山站低至74.00 MJ·mm/(hm² · h · a)。河南降雨侵蚀力因子 R 具有显著的年际变化动态,但无明显的周期性变化规律。降雨侵蚀力因子 R 变化与汛期降雨量和雨强的变化呈正相关,降雨量和雨强的增大往往伴随降雨侵蚀力因子的增加,河南降雨侵蚀力因子 R 的最大值、最小值出现时间对应着洪涝灾害、干旱灾害事件。

（4）采用 C_v（离差系数）和 r（趋势系数）分析 R 值时间变化特征,鲁山站、陕州站、嵩县站、南召站、济源站、罗山站降雨侵蚀力因子的 C_v 分别为0.576、0.492、0.481、0.571、0.617、0.729,说明1982～1990年、2012～2020年罗山站、济源站、鲁山站 R 值年际变化较大,南召站、陕州站、嵩县站 R 值年际变化相对稳定。1983～2020年鲁山站、陕州站、嵩县站、南召站、济源站、罗山站降雨侵蚀力因子的 r 分别为0.023、0.226、0.204、0.227、0.149、0.098。总体来看。随着计算样本时间序列的增加,河南年降雨侵蚀力因子 R 的趋势系数 r 波动有减少趋势,不同时段波动趋势不一致,波动越大则表明降雨侵蚀力因子 R 的变化趋势越明显,说明河南年降雨侵蚀力因子有增长趋势。

二、土壤可蚀性因子 K 时空变化特征

用传统公式进行土壤可蚀性因子 K 值估算会导致误差较大,无法真实准确地表明河南土壤对侵蚀的敏感程度,采用河南土壤侵蚀试验观测站点43个径流小区的实测数据,对河南土壤可蚀性因子 K 值进行计算分析。

（1）用标准小区上单位降雨侵蚀力所产生的土壤流失量表征土壤可蚀性因子 K 值,计算结果表明,河南土壤可蚀性因子 K 值在0.001 6～0.189 1(t · hm² · h)/(hm² · MJ · mm);鲁山站、陕州站、嵩县站、南召站、济源站、罗山站平均 K 值分别为0.012 2(t · hm² · h)/(hm² · MJ · mm)、0.056 3(t · hm² · h)/(hm² · MJ · mm)、0.034 5(t · hm² · h)/(hm² · MJ · mm)、0.010 7(t · hm² · h)/(hm² · MJ · mm)、0.027 5(t · hm² · h)/(hm² · MJ · mm),土壤可蚀性因子 K 值和土壤侵蚀模数自西北向东南减小;土壤可蚀性因子 K 值:立

黄土>黄褐土>黄棕壤>沙壤土>褐土,其 K 值分别为 0. 056 3(t · hm² · h)/(hm² · MJ · mm)、0. 034 5(t · hm² · h)/(hm² · MJ · mm)、0. 024 7(t · hm² · h)/(hm² · MJ · mm)、0. 015 3(t · hm² · h)/(hm² · MJ · mm)、0. 012 2(t · hm² · h)/(hm² · MJ · mm)。

(2)河南逐年土壤可蚀性因子 K 值 2012 年为 0. 001 5~0. 047 6(t · hm² · h)/(hm² · MJ · mm),2013 年为 0. 001 4~0. 029 8(t · hm² · h)/(hm² · MJ · mm),2014 年为 0. 000 2~0. 013 2(t · hm² · h)/(hm² · MJ · mm),2015 年为 0. 000 1~0. 018(t · hm² · h)/(hm² · MJ · mm),2016 年为 0. 000 2~0. 009 2 (t · hm² · h)/(hm² · MJ · mm),2017 年为 0. 000 2~0. 008 4(t · hm² · h)/(hm² · MJ · mm),2018 年为 0. 000 3~0. 011 4(t · hm² · h)/(hm² · MJ · mm),2019 年为 0. 000 3~0. 013 3(t · hm² · h)/(hm² · MJ · mm),2020 年为 0. 000 4~0. 006 4(t · hm² · h)/(hm² · MJ · mm);总体来看 2012~2020 年河南土壤可蚀性因子变化整体呈减小趋势,说明河南水土流失治理成效显著。

(3)鲁山站 K 值在 0. 002 7~0. 054 5(t · hm² · h)/(hm² · MJ · mm),平均值为 0. 012 2(t · hm² · h)/(hm² · MJ · mm);陕州站 K 值在 0. 002 1~0. 189 1(t · hm² · h)/(hm² · MJ · mm),平均值为 0. 056 3(t · hm² · h)/(hm² · MJ · mm);嵩县站 K 值在 0. 002 6~0. 117 0(t · hm² · h)/(hm² · MJ · mm),平均值为 0. 034 5(t · hm² · h)/(hm² · MJ · mm);南召站 K 值在 0. 001 6~0. 021 9(t · hm² · h)/(hm² · MJ · mm),平均值为 0. 010 7(t · hm² · h)/(hm² · MJ · mm);罗山站 K 值在 0. 012 8~0. 060 0(t · hm² · h)/(hm² · MJ · mm),平均值为 0. 027 5(t · hm² · h)/(hm² · MJ · mm),说明河南 K 值黄河流域较大。

三、地形因子 LS 时空变化特征

河南土壤侵蚀试验观测站径流小区坡度在 10°~31°,多为陡坡,采用刘宝元等提出的基于 CSLE 的陡坡计算公式比较适用。

(1)基于 CSLE 模型计算原理采用陡坡公式计算河南地形因子 LS 值,鲁山站、陕州站、嵩县站、南召站、罗山站 LS 值分别在 2. 299~4. 586、2. 299~7. 893、2. 299~7. 893、25. 866~44. 218、2. 299~4. 480。

(2)地形因子中坡度对土壤侵蚀产生的影响更为显著,坡长则通过改变

受雨面积影响侵蚀情况,坡度越陡、坡长越长,LS 值越大。坡度小于 15°的区域最大土壤侵蚀模数为 2 280.652 t/(km^2·a),坡度在 15°~20°之间的区域最大土壤侵蚀模数为 4 632.351 t/(km^2·a),坡度大于 20°的区域最大土壤侵蚀模数为 17 664.232 t/(km^2·a),平均值为 4 352.041 t/(km^2·a)。

(3)坡向对土壤侵蚀具有一定作用,坡向 180°~270°南坡和西坡的侵蚀量和土壤侵蚀模数最大,最大侵蚀量为 10.793 t/hm^2,最大侵蚀模数为 3 391.278 t/(km^2·a);坡向为 123°和 338°的东南坡和西北坡的侵蚀量和土壤侵蚀模数最小,侵蚀量分别为 0.600 t/hm^2、1.065 t/hm^2,侵蚀模数分别为 11.264 t/(km^2·a)、64.945 t/(km^2·a)。整体表现为南坡侵蚀模数大于北坡,主要是受降雨和季风影响,坡向 180°~270°偏南坡降雨较多,降雨对土壤的侵蚀性作用增强;而北坡暖湿气流被地形阻挡降雨较少,土壤侵蚀较弱。

四、植被覆盖因子 C 时空变化特征

根据植被覆盖因子 C 值与植被覆盖度相关分析的算法,利用实测数据对河南植被覆盖因子 C 值年际变化进行分析。

(1)鲁山站 C 值在 0.444 0~0.447 9,陕州站在 0.443 2~0.448 4,嵩县站在 0.443 3~0.449 9,南召站在 0.443 7~0.445 3,罗山站在 0.444 9~0.446 6,同一站点不同径流小区的 C 值差异由于不同植被覆盖度和不同植被类型造成;C 因子整体上自东南向西北呈减小趋势,说明河南东南部地区植被抵御土壤侵蚀能力较强、西北地区较弱。

(2)植被覆盖度 c 对 C 因子值影响较大,植被稀疏、植被结构简单或无植被覆盖时 C 因子值高,植被茂密、植被结构复杂时 C 因子值低。河南植被情况较为稳定,植被覆盖因子 C 值年际变化较小。不同植被类型植被覆盖因子 C 值具有一定差异,马鞭草科(荆条)和豆科植物(花生)种植条件下植被覆盖因子 C 值最小,水土保持效益最好,应因地制宜进行植被选择。

(3)不同土地利用类型植被覆盖、微地貌特征、水土保持效应存在差异性,从而影响地表径流和土壤侵蚀过程。在不同土地利用类型下的 C 值变化,主要是由于不同的植被覆盖度导致的,河南各站点不同植被覆盖径流小区植被覆盖因子 C 值计算结果为:荆条<花生<芝麻/花生<柞草<自然植被<小麦<黄豆/玉米/花生/红薯<马尾松<红薯/侧柏/杏树<栎林<苜蓿<油松/柏

树<红薯/绿豆<花生/核桃<榨墩<侧柏<空地,说明不同植被类型的水土保持功效有所不同。

五、水土保持措施因子 P 时空变化特征

(1)基于 RUSLE 模型计算原理,鲁山站、陕州站、嵩县站、南召站、罗山站水土保持措施因子 P 值分别为 0.327 9、0.371 9、0.421 9、0.483 7、0.535 6,P 因子自东南向西北逐渐减小。

(2)2012～2020 年河南 P 值整体呈增大趋势,嵩县站 P 值出现逐渐减小特点,说明水土保持措施起到了良好防护。不同水土保持措施类型土壤侵蚀差异较大,植物措施小区侵蚀强度:苜蓿>杏树>榨墩>栎树>侧柏>荆条;耕作措施小区侵蚀强度:坡耕地>等高耕作>梯带;工程措施小区侵蚀强度:谷坊>梯田>水平阶;而裸地侵蚀强度最大,实施植物水土保持措施的侵蚀强度最小、水土流失治理效益最好。

六、展望

(一)站点实测资料缺失插补问题

本书研究利用河南罗山万河站(淮河流域)、南召新寺沟站(长江流域)、鲁山迎河站(淮河流域)、嵩县胡沟站(黄河流域)、陕州金水河站(黄河流域)、济源虎岭站(黄河流域)等 6 个水土流失监测与土壤侵蚀观测站点原始实测资料,在通过计算和衍生计算求得 R、LS、K、C、P 定量值基础上进行河南土壤侵蚀因子时空变化特征。由于历史原因,各站点观测时段为 1982～1990 年、2012～2020 年,1991～2011 年期间未能进行观测,本书研究仅用 1982～1990 年、2012～2020 年两个时段的资料进行计算来分析河南土壤侵蚀因子变化特征,缺乏连续性。如何对缺失资料进行科学插补,是更多攫取站点观测原始数据利用价值后续研究问题。

(二)区域尺度转换问题

土壤侵蚀是复杂多变的,其影响因素众多且相互作用,同时土壤侵蚀的发生发展反过来会影响水土流失的进程。小流域水土保持监测和土壤侵蚀试验观测径流小区均是在人为条件下(包括土壤、被覆、地形、地理等)设定的,能够进行直接观测而获取土壤侵蚀相关数据指标。然而特定小流域、径流小区

的实测资料数据通过计算分析获得的土壤侵蚀因子特征值,如何在大流域、大区域范围进行修正应用,真正用来为大区域水土流失动态监测和水土保持综合治理与生态环境保护提供科学依据和技术支撑,一直是值得深入研究的问题,具有重要的研究意义。

参 考 文 献

[1] 甄宝艳,张卫平,邓春芳,等.桃林口水库不同径流小区水土流失规律研究[J].南水北
调与水利科技,2010,8(2):57-60,65.

[2] 姚贵奇,吴卿,何洪名,等.豫西黄土区矿山人为坡沟水土流失特征研究[J].人民黄
河,2020,42(6):95-98,105.

[3] 张岩,徐凡,徐建昭,等.豫西矿区土壤侵蚀因子及流失特点分析[J].人民黄河,2020,
42(7):91-94.

[4] 王现国.豫西黄河流域土壤侵蚀现状研究[J].人民黄河,2005,27(3):40-41.

[5] 刘天可,袁彩凤.基于 RUSLE 模型的河南省黄河流域土壤侵蚀研究[J].华北水利水
电大学学报(自然科学版),2020,41(3):7-13.

[6] 魏贤亮,颜雄,龙晓敏,等.基于 RUSLE 模型的剑湖流域土壤侵蚀定量评价[J].山东
农业科学,2017,49(1):103-106.

[7] Fu B J,Zhao W W CHEN L D,et al. Assessment of soil erosion at largebasin scale using
RUSLE and GIS:A CASE STUDY IN THE LOESS PLATEAU OF CHINA[J]. Land
Degradation&Development, 2005(16):73-85.

[8] 傅伯杰,赵文武,陈利顶,等.多尺度土壤侵蚀评价指数[J].科学通报,2006,51(16):
1936-1943.

[9] 邱阳,傅伯杰,王军,等.黄土丘陵小流域土壤侵蚀的时空变异及其影响因子[J].生态
学报,2004,24(9):1871-1877.

[10] 姜琳,边金虎,李爱农,等.岷江上游 2000~2010 年土壤侵蚀时空格局动态变化[J].
水土保持学报,2014,28(1):18-25.

[11] 冯永丽,李阳兵,程晓丽,等.重庆市主城区不同地质条件下土壤侵蚀时空分异特征
[J].水土保持学报,2011,25(5):30-34.

[12] 谢云,林燕,张岩.通用土壤流失方程的发展与应用[J].地理科学进展,2003,22(3):
179-187.

[13] NYAKATAWA E Z,REDDY K C,LEMUNYON J L. Predicting soil erosion in conserva-
tion tillage cotton production systems using the revised universal soil loss equation(RU-
SLE)[J]. Soil Tillage Research,2001(57):213-224.

[14] 马三保.小流域治理措施对泥沙输移比的影响[J].人民黄河,2013,35(1):78-80.

[15] 陈云明,刘国彬,郑粉莉,等.RUSLE 侵蚀模型的应用及进展[J].水土保持研究,

2004,11(4):80-83.

[16] 周璟,张旭东,何丹,等.基于 GIS 与 RUSLE 的武陵山区小流域土壤侵蚀评价研究
[J].长江流域资源与环境,2011,20(4):468-474.

[17] 杨子生.云南省金沙江流域土壤流失方程研究[J].山地学报,2002,20(S1):1-9.

[18] 范丽丽,沈珍瑶,刘瑞民.基于 GIS 的大宁河流域土壤侵蚀评价及其空间特征研究
[J].北京师范大学学报(自然科学版),2007,43(5):563-566.

[19] 龙天渝,乔敦,安强,等.基于 GIS 和 RULSE 的三峡库区土壤侵蚀量估算分析[J].灌
溉排水学报,2012,31(2):33-37.

[20] 张艳灵,张红.通用土壤流失方程研究进展[J].山西水土保持科技,2013(2):12-15.

[21] 张恩伟,彭双云,冯华梅.基于 GIS 和 RUSLE 的滇池流域土壤侵蚀敏感性评价及其空
间格局演变[J].水土保持学报,2020,34(2):115-122.

[22] 曹建华,蒋忠诚,杨德生,等.中国西南岩溶区土壤允许流失量及防治对策[J].中国
水土保持,2008(12):40-45,72.

[23] 杨硕果,刘江侠,吴卿,等.水土保持弹性景观功能模型及应用[J].人民黄河,2020,
42(12):74-77.

[24] 冯精金.区域土壤侵蚀模型关键因子研究[D].北京:北京林业大学,2019.

[25] 于文竹.基于模型模拟及核素示踪的三江源土壤侵蚀研究[D].兰州:兰州大
学,2021.

[26] 郑海金,杨洁,左长清,等.红壤坡地侵蚀性降雨及降雨动能分析[J].水土保持研究,
2009,16(3):30-33.

[27] 刘宝元,毕小刚,符素华,等.北京土壤流失方程[M].北京:科学出版社,2010.

[28] 谢云,刘宝元,章文波.侵蚀性降雨标准研究[J].水土保持学报,2000(4):6-11.

[29] 宁丽丹,石辉.利用日降雨量资料估算西南地区的降雨侵蚀力[J].水土保持研究,
2003(4):183-186.

[30] 缪驰远,徐霞,魏欣,等.重庆市主城区降雨侵蚀力特征分析[J].资源科学,2007(4):
54-60.

[31] 卜兆宏,唐万龙.降雨侵蚀力(R)最佳算法及其应用的研究成果简介[J].中国水土保
持,1999(6):18-19.

[32] 史东梅,江东,卢喜平,等.重庆涪陵区降雨侵蚀力时间分布特征[J].农业工程学报,
2008(9):16-21.

[33] 章文波,谢云,刘宝元.利用日雨量计算降雨侵蚀力的方法研究[J].地理研究,2002,
6(12):705-711.

[34] 陈逸欣.土壤侵蚀量与降雨因子间的灰关联分析[J].人民珠江,2002(5):51-52.

[35] 吴发启,范文波.土壤结皮与降雨溅蚀的关系研究[J].水土保持学报,2001,15(3):

1-3.

[36] 姚治君.云南玉龙山东南坡降雨因子与土壤流失关系的研究[J].自然资源学报,2011,6(1):45-53.

[37] 胡绩礼.水土流失定量监测中降雨侵蚀力因子的研究[D].南京:南京农业大学,2006.

[38] 董丽霞,蒋光毅,张志兰,等.重庆市中国土壤流失方程因子研究进展[J].中国水土保持,2021(2):40-44,69.

[39] 陈正发.基于 RUSLE 模型的重庆市土壤流失方程研究[D].重庆:西南大学,2011.

[40] 杨勤科,郭伟玲,张宏鸣,等.基于 DEM 的流域坡度坡长因子计算方法研究初报[J].水土保持通报,2010,30(2):203-206,211.

[41] Van Remortel R D,Maichle R W,Hickey R J. Computing the LS factor for the Revised Universal Soil Loss[J]. Computers&Geosciences,2004,30(9):1043-1053.

[42] 符素华,刘宝元,周贵云,等.坡长坡度因子计算工具[J].中国水土保持科学,2015,13(5):105-110.

[43] 梁晓珍,符素华,丁琳.地形因子计算方法对土壤侵蚀评价的影响[J].水土保持学报,2019,33(6):21-26.

[44] Wei Qin,Qiankun Guo,Wenhong Cao,et al. A new RUSLE slope length factor and its application to soil erosion assessment in a Loess Plateau watershed[J]. Soil & Tillage Research,2018,182:10-24.

[45] 马亚亚,王杰,张超,等.基于 CSLE 模型的陕北纸坊沟流域土壤侵蚀评价[J].水土保持通报,2018,38(6):95-102.

[46] Zhang K,Li S,Peng W,et al. Erodibility of agricultural soils on the Loess Plateau of China[J]. Soil and Tillage Research,2004,76(2):157-165.

[47] Wang Bin,Zheng Fenli,Romkens M J M. Comparison of soil erodibility factors in USLE,RUSLE2,EPIC and Dg models based on a Chinese soil erodibility data-base[J]. Soil and Plant Science,2013,63(1):69-79.

[48] 王彬,郑粉莉,王玉玺.东北典型薄层土壤可蚀性模型适用性分析[J].农业工程学报,2012,28(6):126-131.

[49] Guangxing Wang,George Gertner,Xianzhong Liu,et al. Uncertainty assessment of soil erodibility factor for revised universal soil loss equation[J]. Catena,2001,46:1-14.

[50] Anita Veihe. The spatial variability of erodibility and its relation to soil types:a study from northern Ghana[J]. Geoderma,2002,106:101-120.

[51] Vaezi A R,Sadeghi S H R,Bahrami H A,et al. Modeling the USLE K-factor for calcareous soils in northwestern Iran[J]. Geomorphology,2007-1-10.

[52] 魏慧,赵文武,王晶.土壤可蚀性研究述评[J].应用生态学报,2017,28(8): 2749-2759.

[53] 刘宝元,张科利,谢云.土壤侵蚀模型[M].北京:中国科学技术出版社.2001.

[54] 杨欣,郭乾坤,王爱娟,等.基于小区实测数据的不同类型土壤可蚀性因子计算[J]. 水土保持通报,2019,39(4):114-119.

[55] 张科利,彭文英,杨红丽.中国土壤可蚀性值及其估算[J].土壤学报,2007(1):7-13.

[56] 岑奕,丁文峰,张平仓.华中地区土壤可蚀性因子研究[J].长江科学院院报,2011,28 (10):65-68,74.

[57] 张科利,蔡永明,刘宝元,等.黄土高原地区土壤可蚀性及其应用研究[J].生态学报, 2001(10):1687-1695.

[58] 王彬,郑粉莉,Rmkens M J M.水蚀过程的土壤可蚀性研究述评[J].水土保持研究, 2013,20(1):277-286.

[59] Pablo Parysow,Guangxing Wang. Spatial uncertainty analysis for mapping soil erodibility based on joint sequential simulation[J]. CATENA. 2003,53(1):65-78.

[60] Ali Bagherzadeh,Ali Keshavarzi. Integration of Soil Surface Stoniness in Soil Erodibility Estimation:A Case Study of Khorasan-e-Razavi Province,Northeast of Iran[J]. 中华水 土保持学报,2021,52(1): 65-69.

[61] Edyta Kruk. Use of Chosen Methods for Determination of the USLE Soil Erodibility Factor on the Example of Loess Slope[J]. Journal of Ecological Engineering,2020,22(1): 189- 194.

[62] 张兵,蒋光毅,陈正发,等.紫色丘陵区土壤可蚀性因子研究[J].土壤学报,2010,47 (2):354-358.

[63] 黄晓强,赵云杰,信忠保,等.北京山区典型土地利用方式对土壤理化性质及可蚀性 的影响[J].水土保持研究,2015,22(1):5-10.

[64] 卜兆宏,赵宏夫,刘绍清,等.用于土壤流失量遥感监测的植被因子算式的初步研究 [J].遥感技术与应用,1993(4):16-22.

[65] 林芳,朱兆龙,曾全超,等.延河流域三种土壤可蚀性 K 值估算方法比较[J].土壤学 报,2017,54(5):1136-1146.

[66] Bryan R B,Govers G, Poesen J. The concept of soil erodibility and some problems of as- sessment and application[J]. CATENA, 1989, 16(4-5):393-412.

[67] 王媛,赵允格,姚春竹,等.黄土丘陵区生物土壤结皮表面糙度特征及影响因素[J]. 应用生态学报,2014,25(3):647-656.

[68] 王艳忠,胡耀国,李定强,等.粤西典型崩岗侵蚀剖面可蚀性因子初步分析[J].生态 环境,2008(1):403-410.

[69] 李瑞军,杨志文,吴士文,等.基于Landsat影像的采煤对地表植被覆盖度时空变化的影响研究[J].华北水利水电大学学报(自然科学版),2020,41(4):52-60.

[70] 徐凡.三门峡市铝土矿区水土流失特点及防治技术研究[D].郑州:华北水利水电大学,2019.

[71] 毕小刚,段淑怀,李永贵,等.北京山区土壤流失方程探讨[J].中国水土保持科学,2006,4(4):6-13.

[72] 张雪花,侯文志,王宁.东北黑土区土壤侵蚀模型中植被因子C值的研究[J].农业环境科学学报,2006,25(3):797-801.

[73] 唐寅,代数,蒋光毅,等.重庆市坡耕地植被覆盖与管理因子C值计算与分析[J].水土保持学报,2010,24(6):53-59.

[74] 张岩,刘宝元,史培军,等.黄土高原土壤侵蚀作物覆盖因子计算[J].生态学报,2001,21(7):1050-1056.

[75] Zhang Y,Liu B Y,Zhang Q C,et al. Effect of different vegetation types on soil erosion by water[J]. Acta Botanica Siniea. 2003,45(10):1204-1209.

[76] 符素华,吴敬东,段淑怀,等.北京密云石匣小流域水土保持措施对土壤侵蚀的影响研究[J].水土保持学报,2001,15(2):21-24.

[77] 李巍.大兴安岭地区土壤侵蚀动态研究[D].哈尔滨:东北林业大学,2014.

[78] 任浩天,朱丽蓉,叶长青,等.基于USLE模型的松涛水库流域土壤侵蚀定量研究[J].热带作物学报,2018,39(10):2083-2092.

[79] 陈朝良,赵广举,穆兴民,等.基于RUSLE模型的湟水流域土壤侵蚀时空变化[J].水土保持学报,2021,35(4):73-79.

[80] 黄硕文,李健,张欣佳,等.河南省近十年来土壤侵蚀时空变化分析[J].农业资源与环境学报,2021,38(2):232-240.

[81] 王玲玲,左仲国,肖培青,等.黄河中游主要产沙区下垫面变化减沙作用评估[J].人民黄河,2020,42(9):146-150.

[82] 陈红,江旭聪,任磊,等.基于RUSLE模型的淮河流域土壤侵蚀定量评价[J].土壤通报,2021,52(1):165-176.

[83] Markus Dotterweich. The history of human-induced soil erosion:Geomorphic legacies, early descriptions and research, and the development of soil conservation—A global synopsis[J]. Geomorphology, 2013, 201:1-34.

[84] 钟莉娜,王军,赵文武.多流域降雨和土地利用格局对土壤侵蚀影响的比较分析——以陕北黄土丘陵沟壑区为例[J].地理学报,2017,72(3):432-443.

[85] 张璐,杨硕果,何洪名,等.水库工程区水土保持生态服务价值估算[J].人民黄河,2020,42(12):78-81.

[86] 张攀,姚文艺,刘国彬,等.土壤复合侵蚀研究进展与展望[J].农业工程学报,2019, 35(24):154-161.

[87] Haiyan Fang. Impact of land use changes on catchment soil erosion and sediment yield in the northeastern China:A panel data model application[J]. International Journal of Sediment Research,2020,35(5):540-549.

[88] 何洪名,吴卿,杨硕果,等.水土保持弹性景观功能指标体系构建[J].人民黄河, 2020,42(12):70-73.

[89] 卜兆宏,姜小三,杨林章,等.水土流失定量监测中 GPS 实测更新 GIS 数据的实用方法研究[J].土壤学报,2005(5):10-17.

[90] 唐克丽.中国水土保持[M].北京:科学出版社,2004.

[91] Fernandez C, Wu J Q, McCool D K, et al . Estimating water erosion and sediment yield with GIS, RUSLE and SEDD[J]. Journal of Soil and Water Conservation, 2003,58(5): 283-289.

[92] Shi Z H, Cai C F, Ding S W, et al. Soil conservation planning at the small watershed level using RUSLE with GIS :a case study in the Three Gorge Area of China[J]. Catena, 2004, 55:33-48.

[93] 伍育鹏,谢云,章文波.国内外降雨侵蚀力简易计算方法的比较[J].水土保持学报, 2001(3):31-34.

[94] 叶芝菡,刘宝元,章文波,等.北京市降雨侵蚀力及其空间分布[J].中国水土保持科学,2003(1):16-20.

[95] 章文波,谢云,刘宝元.降雨侵蚀力研究进展[J].水土保持学报, 2002, 16(5): 43-46.

[96] 胡续礼,姜小三,杨树江,等.降雨侵蚀力简易算法地区适用性的初步探讨[J].中国水土保持科学,2006(5):44-49.

[97] 胡续礼,姜小三,杨树江,等.豫西山区次降雨侵蚀力简化模型的建立[J].土壤通报, 2007(1):137-140.

[98] 张科利,蔡永明,刘宝元,等.土壤可蚀性动态变化规律研究[J].地理学报,2001(6): 673-681.

[99] 张岩,袁建平,刘宝元.土壤侵蚀预报模型中的植被覆盖与管理因子研究进展[J].应用生态学报,2002(8):1033-1036.

[100] 中华人民共和国水利部.第一次全国水利普查水土保持情况公报[J].中国水土保持,2013(10):2-3,11.

[101] 黄晓强,赵云杰,信忠保,等.北京山区典型土地利用方式对土壤理化性质及可蚀性的影响[J].水土保持研究,2015,22(1):5-10.

[102] 钟壬琳.江西省土壤抗侵蚀性指标区域分布特征分析[D].武汉:长江科学院,2010.

[103] 姜小三,潘剑君,杨林章,等.土壤可蚀性 K 值的计算和 K 值图的制作方法研究以南京市方便水库小流域为例[J].土壤,2004(2):177-180.

[104] 李宝亭,吴卿,杨硕果,等.水土保持弹性景观功能与生态脆弱性研究[J].人民黄河,2020,42(12):88-90,110.

[105] 杨振奇,郭建英,秦富仓,等.裸露砒砂岩区不同植被类型土壤团聚体稳定性与抗蚀性能[J].水土保持通报,2021,41(3):8-14.

[106] 黄杰,姚志宏,查少翔,等.USLE/RUSLE 中水土保持措施因子研究进展[J].中国水土保持,2020(3):37-39,56,5.